Beginner Guide

廚房新手也能

零失敗

出版菊

煮菜不是壓力而是樂趣，
讓三餐隨心所欲

Hi 我是酸酸，不是酸民

開始做菜的動機純粹是一個「懶」字。某年暑假，實在太懶得頂著烈陽出門買午餐，於是翻翻冰箱，就這樣開啓了料理實驗之旅，也給自己不重複菜色的任務，為了記錄，便創建了 Instagram 帳號，沒想到認識了許多一樣喜愛料理的同伴們。

每個人一開始接觸烹飪肯定都是手忙腳亂、不知道從何開始下手，我也不例外，從一個差點把廚房燒掉的縱火犯，一路跌跌撞撞到可以在廚房自由穿梭，加上時常會收到觀眾的提問，大家的困難點我都明白（右手摸左胸 ，因此，決定將我所知的小撇步濃縮成一本食譜書，不只教怎麼做，還會告訴你為什麼。

我一直覺得料理沒有絕對，只有適不適合，畢竟每個人的口味、喜好都不同，而食譜的存在就是為了方便初學者學習，固定的份量和步驟打好基礎，如此一來，多做幾次，習慣下廚後就可以自由穿插運用，甚至發揮創意，做出最適合自己的味道，這就是料理好玩的地方啊！

你是否覺得一個人的份量很難抓？什麼料都加一點，結果煮完變一堆大雜燴，只好三餐都吃同一鍋？有幾個單元正是專門為一人份料理做設計，不多不少剛剛好，甚至可以原鍋上桌，非常符合懶人的人設呢！單一菜色的部分則可

以分裝儲存起來，當成便當菜，每天變換口味，自由搭配菜色，讓同學、同事羨慕到不行！

因為是設計系出身，對於版面及配色的要求可以說是鑽牛角尖、吹毛求疵，甚至有點走火入魔（笑），新朋友看到這種版面都會問我是不是有強迫症（真的沒有）。初期會有觀眾問我配色和擺盤的技巧，一開始都不知道怎麼回答，後來仔細觀察才慢慢找出之間的共同點，進而整理歸納出來，各位有福了！

開頭說到，我這個人非常懶，所以太困難、繁雜的料理全都不會（抱歉啦），食譜中的料理基本上都非常簡單，甚至食材都能重複運用，只要使用一點小心機就能讓吃到的人感受到你的誠意。

煮菜不是種壓力而是一種樂趣，可以跟我一起讓你的三餐隨心所欲。

CONTENTS

讓下廚更順暢的

基本做法

常用工具

不沾平底鍋

可選擇鍋壁高、底部平面大的，可煎也可炒，而不沾鍋對新手比較友善，大多食譜都可用不沾平底鍋完成

熟鐵鍋

一樣不沾，但和不沾鍋不同的是不怕刮、導熱快，甚至可取代不沾鍋，但比較重、不適合烹煮刺激性食材及長時間燉煮，有些須養鍋，依照個人需求做選擇

牛奶鍋

用來煮滾水、汆燙食材或簡單粥、湯品，也可用來煮牛奶、茶、甜點

湯鍋

煮湯類必備，不沾材質更好，有時食材需先炒過，就可一鍋到底完成，經費足夠則可直接購入鑄鐵湯鍋，耐用、一鍋抵萬鍋

烤盤（烘焙紙）

好看又能入烤箱的烤盤，料理完直接上桌，方便又美觀。若是一般烤盤，烘焙紙可以避免醬汁燒焦留下痕跡，節省清洗時間

鑄鐵鍋

導熱快、耐高溫、能進烤箱也能放爐上，很適合拿來做甜點、烘蛋，看起來特別專業

耐熱橡膠鏟

不傷鍋子，又夠柔軟，可以貼合鍋子任何角度，非常好用，建議大家擁有一、兩把，但切記選擇耐高溫、烹煮專用的，小缺點是碰到易染色的食材要小心，如咖哩、泡菜

調理機

沒有也沒關係，食譜裡的料理都沒有一定會用到，但如果有，會方便許多，可選擇多功能配件的，幫助料理過程更快速

磨泥器、濾網、刨絲器、兩用刨刀

磨泥器　除了蒜泥、薑泥，食譜中還有洋蔥泥、蘋果泥都需要用到（有調理機更方便）
濾網　用來濾出殘渣，可以選擇孔洞較細小的，較能完整濾出
刨絲器　懶得切絲的時候很好用，也可以用來刨檸檬皮
兩用刨刀　除了削皮，可以刨出薄長片和長條，對於食物造型很有幫助

量匙、量杯、電子秤

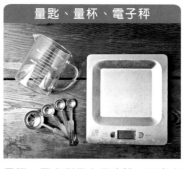

量匙　測量液態調味料的必需品，至少需要四種大小：1/4 小匙、1/2 小匙、1 小匙、1 大匙，選擇不鏽鋼較為實用，不染色、好清洗、耐熱

量杯　用來測量大量液體，因密度不同，用重量量測可能會出現一點誤差，選擇上最省事的方式就是買一個有刻度的馬克杯，做菜時當測量工具，平時也可以做一般容器使用，一舉兩得

電子秤　食譜上的份量多以克為單位，雖然部分也有標示相對應的單位，但沒辦法標示的食材還是需要量一下重量

常用調味料

油類

葵花油　最平價、基本的非這四樣莫屬，一般家庭最常用的是葵花油或其他植物油

橄欖油　香氣能為料理增添一層獨特的風味，但如果已經有主要想強調的風味(魚露、醬油)，則使用一般油即可

花椒油　不想自己煉的話，一般超市也有現成的，方便很多

香油　適合最後收尾或為涼拌菜增添香氣

＊更進階的可以選擇酪梨油、椰子油

醬油 / 蠔油類

這些調味料的共同點是為了增加醬色及香氣，但其中又有微妙的差異，醬油偏鹹；鰹魚醬油清甜不死鹹並有柴魚香；醬油膏偏甜且稠；蠔油帶有較濃的海鮮鮮味，依照料理的需要從中做選擇

＊需要醬汁濃稠用醬油膏

＊希望增加一點鮮味用蠔油

＊鰹魚醬油適合和風

調味料類

除了鹽，另外列舉幾項差異較大、百搭萬用的調味粉，很好取得，一般超市都買得到，拿來醃肉都非常好用

米酒 / 白酒

基本上中式用米酒，西式用白酒，兩種都是新手入門款

芥末籽 / 魚露

味道特殊，沒有替代品可以取代，可以在偶爾味覺疲乏時給你一點新奇感

醋類

醋類可以帶來一點酸味，有解膩的效果。烏醋比白醋溫和，果醋偏甜，巴薩米克醋帶果香且酸味不減

＊果醋 / 巴薩米克醋除了冷用加橄欖油做沙拉醬汁，也可以熱用入菜

＊巴薩米克醋各品牌口味差別較大，有的偏嗆、有的偏甜，建議試吃過再決定選擇或用量

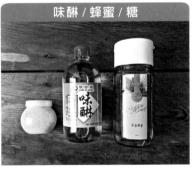

味醂 / 蜂蜜 / 糖

雖說都是甜味來源，但三者卻大大不同

味醂　日式料理必備(緊急時可用酒＋糖取代)比例約酒 3：糖 1

蜂蜜　擁有獨特的香味，且特別顯著，也能用來增加醬汁稠度，很適合代替糖放入甜點中

糖　平衡料理中的鹹 / 酸，受熱後焦化有助於上色(可用棕櫚糖、椰糖、羅漢果糖等代替一般精緻糖)

醬料類

味噌 / 豆瓣醬 / 韓式辣醬 / 番茄醬

這幾樣強烈建議廚房裡各放一盒 / 瓶，風味截然不同，但用途廣泛，幾乎百搭，搭配其他調味，就可以延伸出無數種味道

常用辛香料

蔥 / 薑 / 蒜頭

最常見，也最常用到的三種辛香料，爆香、醃肉去腥都適用，不知道用什麼爆香，選它們最安全，不會錯

蝦米 / 蝦皮　主要用於爆香、墊基底，能帶來專屬海鮮的香氣

乾香菇　比新鮮香菇還多一種濃縮菇類的味道，且香菇水是個很棒的附加產物，煮粥、湯加下去都很適合

辣椒 / 花椒　辣椒辣，長的辣椒不辣，用於增色

花椒麻，須注意帶殼花椒對料理的口感會不會帶來影響，會則提前撈出

月桂葉　推薦用於燉煮 / 滷類，能多一種清香，不限於中或西式，用量不多就能有足夠的效果

紅蔥頭 / 油蔥酥　在料理最後撒上油蔥酥，香味撲鼻，最快速就是購買市售包裝，也可以自己用紅蔥頭，切碎、冷鍋冷油小火慢慢炸到金黃（同蔥油做法 p.16）

乾貨類

切法

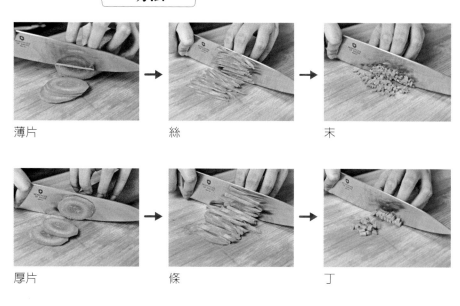

薄片　　　　　絲　　　　　末

厚片　　　　　條　　　　　丁

滾刀

常用食材造型變化

鋸齒刻 —— 適用於圓體的食材，例如：水煮蛋、馬鈴薯、奇異果、柳丁、蘋果…

1 刀尖斜 45 度，往中心直直刺入

2 再斜 -45 度，再刺入，以此類推，直到刺完一圈

3 輕輕撥開

蛋皮絲

1 加油小火熱鍋，倒入蛋液，馬上旋轉鍋子，讓蛋液佈滿鍋底鍋子要熱，讓蛋液一下鍋過 1 秒就能凝固

2 煎到兩面都凝固

3 捲起來，切成絲

蛋皮花卷

1 蛋皮對折，在重疊那端上半部斜切劃刀（每刀的寬度會影響捲出來花瓣的大小）

2 從其中一端捲起，兩端捲起的成品有些微不同，可依個人喜好

3 稍微調整外圍花瓣

半剝皮 —— 適用於有皮的食材，例如：番茄、蘋果、奇異果…

1 切成半月形

2 將皮削到一半

3 稍微向外折

刻花 —— 適用於偏硬的食材，例如：蘿蔔、花椰菜梗、蘋果…

1 將食材切成厚片，用模具壓出形狀

2 在花瓣下凹處對角線劃一條淺刀

3 （a1）依照其中一條參考線直直往下切到一半

（a2）再從右邊一點的地方，斜著切入（從側面看會是斜的）

（a3）以此類推，將所有參考線刻完

（b1）依照其中一條參考線，直直往下切到一半

（b2）再從隔壁一條參考線，以斜的方式切到上一條參考線（從側面看會是斜的）

（b3）以此類推，將所有參考線刻完

4 刻完再煮熟即可

愛心 —— 適用於橢圓形的食材，例如：煎蛋卷、小番茄、熱狗…

1 斜切一刀

2 將其中一邊垂直翻轉，必要時用牙籤固定

花卷 1 —— 適用於長條狀，且可以刨成薄長片的食材，例如：蘿蔔、櫛瓜、茄子…

1 將食材刨成薄長片，汆燙至軟（或用微波爐）（若可生食則免，太硬的食材還是要煮一下）

2 取出瀝乾，從其中一端開始向斜方捲

3 捲到喜歡的長度

花卷 2 —— 適用於可以刨 / 切成薄片的食材，例如：蘿蔔、櫛瓜、牛番茄…

1 將食材刨 / 切成薄片（相較花卷 1 不用那麼長），汆燙至軟（或用微波爐）（若可生食則免）

2 對折

3 由重疊那端開始捲到底

花卷 3 —— 適用於可以切成薄片的食材，例如：蘿蔔、櫛瓜、牛番茄、奇異果、蘋果、芒果…

1 將食材切成薄片
越薄，出來的成品越細緻
底部切平，捲完後較容易站立

2 煮一鍋滾水，汆燙至軟（或用微波爐）
可生食，但太硬的食材還是要稍微煮軟比較好捲

3 層層交疊，列成一排
間距可時近時遠，更自然

4 由其中一端捲起，兩端捲起的成品有些微不同，可依個人喜好
一開始捲緊一些，再慢慢放鬆

5 用筷子將黏太緊的花瓣撥散
越外圍的花瓣可以製造一點垂墜感

偽麵條 —— 適用於長條狀且偏硬的食材，例如：蘿蔔、櫛瓜…

1 用專門的刨刀，刨成長條狀

2 煮一鍋滾水，汆燙至軟（或用微波爐）（若可生食則免）

常用食材處理

去番茄皮 —— 為了口感，許多料理都需去皮，可以依照方便程度選擇適合的方法

1 去蒂頭，尾部劃淺十字刀

2 (a) 煮一鍋滾水，放入番茄煮約 40 秒

(b) 用熱水澆淋在番茄上，在熱水裡靜至 1 ～ 2 分鐘

(c) 用叉子插在番茄底部，放置爐火上緩慢旋轉，待皮有一點萎縮的現象後關火

3 泡入冷水

4 冷卻後即可輕鬆剝皮

抓粉醃製 —— 為了讓肉更嫩，有時候除了醬料之外，還會加入粉類，順序也有一點訣竅

1 先加入除了粉類的醃料抓醃，讓液體吸入肉裡

2 再加入粉，抓勻

擦乾肉品、海鮮水份

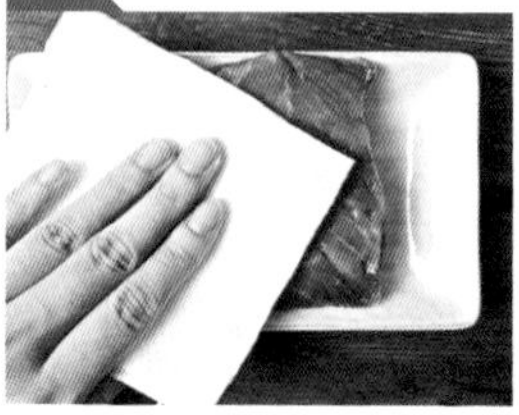

肉品與海鮮洗淨後，特別是海鮮，擦乾水份後可避免下鍋出水影響香氣與口感

醃製 / 保存真空 —— 醃製時可以節省醬料、幫助入味或冷凍保存時好收納、不占空間

1 先將食材放入袋中，並拉起開口

2 準備一盆水，將袋子開一個小縫，小縫以外的部分泡入水中，將會形成一個接近真空的狀態

3 再將小縫關上即可

冷凍飯 / 藜麥

趁有空閒時間將飯 / 藜麥煮熟，並分裝冷凍，有需要隨時都可以用，非常方便

青花菜汆燙冷凍 —— 配色很好用的青花菜，一次整顆都煮起來不怕冰到黃掉

1 切成小朵，放在流水下沖洗 10 分鐘，花的部分也要翻開洗

2 梗的部分去除硬皮、切片或條

3 煮一鍋滾水，加 1 小匙油和 1/4 小匙鹽，將青花菜放下去煮約 2 分鐘

蒜末蔥花常備

蔥、薑、蒜等爆香料可依照個人使用頻率和量，一次備齊，要用時馬上就有，節省備料時間

4 撈起放置完全冷卻

5 放入袋中，將空氣壓出，放入冷凍保存

蝦子去腸泥 / 開背 —— 開背可以讓蝦子捲成球狀，看起來更飽滿大隻

a-1 用叉子插入蝦背（要有點深度）

a-2 垂直向上拉出

b 用手將蝦子固定於砧板，另一手拿刀平行在蝦背上劃一刀，順勢將腸泥取出

蝦湯 —— 用途廣，用來煮湯或麵食、飯類都能讓風味更勝

1 將蝦頭、殼剝除（殼約 70g）

2 鍋內加 1 小匙油，中火加熱，爆香蝦頭、殼，用鏟子將蝦頭內的蝦膏壓出，持續炒到鍋底有點黏（但不能焦）

這是最基底的蝦湯，想要更多風味可以加蒜頭或蔥等辛香料一起爆香

3 加入 200ml 的熱水，將鍋底的精華刮一刮，再次用鏟子將蝦膏徹底壓出，再煮 2 分鐘

切記要耐心將蝦殼炒透炒香，太快加水會導致蝦湯有腥味

4 將渣渣濾除，放涼後就可以分裝冷凍

如果油用多一點，爆香完不加水直接濾出，就是蝦油

柴魚高湯 —— 用途廣，用來煮湯或麵食、飯類都能讓風味更勝

1 煮 800ml 滾水，加入 20g 柴魚片再次煮滾 2 分鐘後關火靜置放涼

2 用濾網 + 濾布（或廚房紙巾）濾出高湯

3 分裝冷藏、冷凍備用

蔥油 —— 大多料理都能用，煎蛋也好吃

1 80g 蔥切花，蔥白、綠分開

2 鍋中倒入 150ml 植物油，放入蔥白，冷鍋冷油開小火慢慢炸到呈金黃微焦色

3 加入蔥綠繼續炸至蔥綠也呈微焦色

顏色一轉就要趕快濾出，金黃轉焦的速度很快，且起鍋後餘溫還會繼續加熱

4 將蔥濾出，油放涼

炸完的蔥不要丟，留下來拌飯 / 麵 / 燙青菜都好吃

蝦皮/蝦米去腥 —— 讓蝦皮和蝦米可以增加料理風味,而不是腥味

1 用水清洗 2～3 遍

2 用米酒泡 2~3 分鐘,濾乾

乾香菇泡水 —— 乾香菇使用前須泡開,剩下的香菇水是精華

1 清水輕輕洗去表面的髒汙

2 用約 30℃的溫水將乾香菇泡約 5 分鐘至軟蒂頭部分比較硬,須完整浸入水中

常用裝飾

蔥絲、白芝麻、黑芝麻、辣椒絲、巴西里、唐辛子粉

在料理上加上一些小裝飾可以讓整體看起來的完成度更高,也多些層次和色彩

蔥絲 1

1 蔥綠切段,從中間劃開

2 相疊後,順紋切絲

3 泡冷/冰水,蔥絲自然會捲曲

蔥絲 2

1 蔥綠切段,從中間劃開

2 逆紋劃刀,其中一端不要劃斷,分成小段

3 泡冷/冰水,蔥絲自然會捲曲

1 互相依靠：主食（飯）製作一個小斜坡，可以讓主菜有個地方躺，視覺上露出面積更多

2 綠化隔間：用生菜葉代替塑膠隔間，不僅可以增加綠色面積，也能防止食材間的味道彼此干擾

3 製造層次：有些地方可重疊，全部都是平面稍嫌無趣，也會浪費許多空間

重疊部分太少，感覺缺乏層次

4 線條多元化：讓菜色之間的分線彼此交錯，盡量不要形成垂直或水平（故意製造整齊效果除外）

5 角料墊底：將比較醜的，或份量較多的菜色墊在下面，上面就可放上其他份量少、比較好看的配菜

6 顏色分配：紅、橘、綠、黃是必備，其他顏色是選配

7 善用裝飾：黑白芝麻、巴西里、蔥絲、辣椒絲、唐辛子粉…

便當類型 / 保存

冷便當 —— 當天食用完畢

當天做完，不再冷藏及加熱，以常溫的狀態直接食用

熱便當 / 常備便當 —— 冷藏 3 天，視菜色可放冷凍 1 週（豆腐與蔬菜類不宜冷凍）

事先做好放冰箱，食用前再加熱（蒸 / 微波）

不適合熱便當的菜樣

冷食、涼拌菜，可另外分開裝

兩者在保存上須注意的重點：

1　處理生、熟食使用的器具須分開

2　做熱便當的話，蔬菜可以煮偏硬一些，加熱後就不會過軟

3　料理途中，試吃使用到的筷子、湯匙都要避免二次碰到料理，口水會加速細菌孳生

4　須將菜色完全放涼再裝入容器中，太快上蓋，熱氣無法散去、持續悶，裡面的菜可能會枯黃，腐壞的機率也較高

5　便當用保冷保溫袋裝，台灣氣溫較高，夏天或高溫時冷便當需再額外放保冷劑

如何加熱？

• 較方便的兩種方式是電鍋蒸和微波，容器的材質依照加熱方式做選擇。

• 電鍋蒸不宜太久，綠色蔬菜容易變色，約 10 ～ 15 分鐘即可。

• 微波容易使食材水份揮發，建議在上層蓋一個可微波的蓋子或盤子，將水氣保留在裡面，時間也不宜過久，約 2 ～ 3 分鐘。

不適合冷便當的菜樣

含起司、高脂肪肉類等冷卻後易凝固的菜色

超級簡單 ///// 保證美味

主菜

／23 道

馬鈴薯鮭魚餅→ p.57

香檸芥末籽烤翅小腿

起司金針卷→ p.145

燙青花菜

孢子甘藍

香檸芥末籽烤翅小腿 🔲bake

芥末籽有種獨特風味，微嗆，
經加熱後會更溫和，
用作醃料醃任何肉類都可以很好吃！

份　　量	8 隻
製作時間	20 分鐘
保　　存	冷藏 5 天、冷凍 1 個月

材料
翅小腿……8 隻

醃料
芥末籽……1 大匙
醬油……2 小匙
蜂蜜……1 小匙
檸檬汁……1 大匙

作法

1 翅小腿擦乾表面水分，最厚的地方劃一刀，醃料混和均勻

劃刀有助入味，也避免不熟的狀況發生

2 加入醃料和擠乾的檸檬，密封醃製一晚

3 和檸檬一起拿去烤(須預熱) 190℃ 10分鐘，翻面轉 230℃ 再烤 5分鐘，完成

檸檬一起烤可以另外增添一些香氣

南瓜炒肉片

////////////////////////

乾煎肉片簡單好吃,但加上南瓜更美味,
表面煎上色是重點,一片南瓜配一片肉,
充滿日式風味。

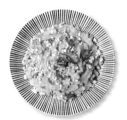

金沙苦瓜→ p.148

豆乾炒芹菜→ p.141

五穀飯

燙青江菜

份　　量	2～3 人份
製作時間	15 分鐘
保　　存	冷藏 5 天、冷凍 1 個月

材料

南瓜 …… 200g
肉片 …… 200g
白芝麻 …… 1 小匙

醃料

醬油 …… 2 小匙
味醂 …… 1 小匙
玉米粉 …… 1 小匙

調味料

醬油 …… 1 小匙
味醂 …… 1/2 小匙
香油 …… 1/4 小匙

作法

1 南瓜切薄片；肉片切
適口的大小，用醃料
抓醃
芝麻事先炒過會更香

2 加油熱鍋，將南瓜片
中火煎至兩面上色

3 移出一個空位，將肉
片煎至八分熟

4 混和後沿著鍋邊加入
調味料，拌炒到肉熟化

5 起鍋前加入白芝麻，
拌炒均勻，完成

雞胸豆腐漢堡排

\\\\\\\\\\\\\\\\\\\\\\

雞胸肉和豆腐的搭配富含蛋白質，
放入菇類增加水份，使整體不乾柴，
又有飽足感！

份　量	6 顆
製作時間	15 分鐘
保　存	冷藏 5 天、不建議冷凍

材料

雞胸肉 …… 250g
板豆腐 …… 125g
紅蘿蔔 …… 15g
金針菇 …… 15g
洋蔥 …… 35g
蛋 …… 1 顆
蔥 …… 15g

調味料

蒜香胡椒鹽 …… 1/2 小匙
黑胡椒 …… 1/8 小匙

作法

1 雞胸剁成泥；板豆腐擠乾水份捏碎；紅蘿蔔切絲；金針菇切小段；洋蔥切碎丁；蔥切末

2 將所有材料混和均勻至有黏性

3 加油熱鍋，模具也抹點油，放入餡料，厚度約 1.5 公分
模具是幫助整體厚度平均，也可以不用

4 第一面中小火加鍋蓋煎約 4 分鐘

5 另一面約 3 分鐘（依厚度微調），兩面上色，完成

雞胸豆腐漢堡排

塔香薯塊
→ p.162

焗烤義式香料蘑菇
→ p.171

水煮紅蘿蔔

毛豆飯

鹹酥蝦

蝦殼用高溫煎過，釋放出蝦紅素及蝦油，
再加上辛香料提味與裝飾，好吃又好看！

雞絞肉玉米→ p.64

麻醬龍鬚菜→ p.134

五穀飯

份　　量	8 隻
製作時間	15 分鐘
保　　存	冷藏 3 天、不建議冷凍

材料

蝦子 …… 250g
蔥 …… 15g
薑 …… 2g
蒜頭 …… 12g
辣椒 …… 3g
橄欖油 …… 1 大匙
橄欖油 …… 1 小匙

調味料

鹽 …… 1/4 小匙
白胡椒粉 …… 1/8 小匙

作法

1 蝦子剪掉鬍鬚、帶殼開背去腸泥；蔥切花；薑、蒜頭切末；辣椒切絲
開背 2/3 深才會打比較開

2 加 1 大匙油熱鍋，大火將蝦子煎到兩面金黃後取出備用（不用全熟）
大火可讓蝦殼炸得酥、香

3 補 1 小匙油，中火爆香蔥、薑、蒜、辣椒
要炒到辛香料微軟，並染上蝦油的顏色

4 放回蝦子，加入調味料拌炒均勻，完成

豌豆芽肉卷

馬鈴薯大阪燒
→ p.58

涼拌果醋櫛瓜絲
→ p.144

味噌茄子
→ p.146

牛番茄

豌豆芽肉卷

//////////////////////

豌豆芽常用於沙拉中，做成熱菜也適合！
也因為能生吃，所以只須將肉片煎熟即可，
讓中心保有脆口度也相當不錯！

份　　量	7 卷
製作時間	15 分鐘
保　　存	冷藏 5 天、不建議冷凍

材料

豬 / 牛肉片 …… 7 片
豌豆芽 …… 100g
麵粉 …… 1 小匙

醬汁

醬油 …… 1 大匙
蕃茄醬 …… 2 大匙
蜂蜜 …… 1/2 小匙

作法

1 豌豆芽切成和肉片差不多的長度；醬油和蜂蜜混合均勻

2 肉片攤開，灑上一點薄麵粉
麵粉幫助黏合，也可以省略

3 放上豌豆芽，捲起來

4 加油熱鍋，接合處向下，將肉卷煎至表面上色

5 推到鍋邊，先炒香番茄醬

6 倒入其餘醬汁材料，中大火煮至收汁，完成

辣豆腐炒肉末

豆腐和豬絞肉上輩子肯定是一對伴侶，
辣度可以自行增減，留點醬汁不要完全收乾，
淋在飯上，非常對味！

辣豆腐炒肉末

豆包蔬菜薄餅→ p.168

蒜香四季豆→ p.134

烤杏鮑菇

芝麻飯

份　　量	4～5 人份
製作時間	15 分鐘
保　　存	冷藏 5 天、不建議冷凍

材料

絞肉……250g
板豆腐……350g
蒜頭……12 g
薑……1g
蔥……30g
辣椒……8g
花椒……2 小匙
油……1 大匙
米酒……2 大匙

調味料

辣豆瓣醬……1 大匙
醬油……1 大匙
蠔油……2 小匙
米酒……3 大匙
糖……1/2 小匙
水……150ml
白胡椒粉……1/8 小匙

作法

1 板豆腐切小丁；蒜頭、薑、蔥、辣椒切末；花椒稍微磨碎
花椒稍微磨碎有助於香味更快煮出來

2 下油，冷鍋冷油開始將花椒小火慢慢煸出香味

3 將花椒濾出，轉中火爆香蔥、薑、蒜頭、辣椒

4 推至鍋邊，加入絞肉，壓扁用煎的方式煎至兩面金黃

5 加入米酒 (2 大匙)，將絞肉炒開並炒乾
米酒有助去腥、增加香氣

6 推至鍋邊，炒香辣豆瓣醬

7 加入其他調味料、板豆腐攪拌均勻，並將花椒泡進去，小火蓋鍋蓋煮 5 分鐘

8 開蓋後取出花椒，轉中大火邊拌邊收汁，完成

海苔蘆筍卷→ p.60

烤蔬菜

水煮紅蘿蔔

燙玉米筍

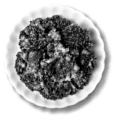

燙青花菜

地瓜蝦餅

\\\\\\\\\\\\\\\\\\\

地瓜和蝦子像是互相扶持的事業夥伴，
雙方都凸顯彼此的優點，地瓜的甜、蝦子的鮮，
全都發揮到最大！

份　　量	6 顆
製作時間	20 分鐘
保　　存	冷藏 3 天、冷凍 1 個月

材料
地瓜 …… 150g
蝦 …… 100g

調味料
鹽 …… 1/4 小匙
白胡椒粉 …… 1/8 小匙
海苔粉 …… 1/4 小匙

作法

1 地瓜去皮切塊；蝦子剁成泥狀
蝦子留一點小丁口感更佳

2 地瓜蒸 (水煮)，熟壓成泥

3 全部材料混和均勻

4 均分成四等份，塑成餅狀
手上抹點油防沾黏更好操作

5 加油熱鍋，中小火一面約 1 分半，將餅煎到兩面上色，完成

橙汁蝦球

椒鹽杏鮑菇
→ p.135

海帶芽煎蛋卷
→ p.154

玉米紅蘿蔔

藜麥飯

橙汁蝦球

\\\\\\\\\\\\\\\\\\\\\

橙不只可以單吃、榨汁,橙汁更可以入菜,
酸酸甜甜,讓味覺有了新感受。

份　　量	1～2 人份
製作時間	15 分鐘
保　　存	冷藏 3 天、冷凍 1 個月

材料

蝦子⋯⋯ 250g
甜橙果肉⋯⋯ 半顆
蒜頭⋯⋯ 2g

醃料

鹽⋯⋯ 1/8 小匙
白胡椒⋯⋯ 1/8 小匙

醬汁

甜橙汁⋯⋯ 40ml
（約 1 顆半）
醬油⋯⋯ 1/4 小匙
檸檬汁⋯⋯ 1 小匙

作法

1 蝦子去殼、開背、去腸泥;甜橙刨一點皮,取半顆果肉,其餘榨汁;蒜頭切末
開背要夠深才會開得像蝦球

2 蝦子擦乾後用醃料抓醃

3 加油熱鍋,中火爆香蒜末

4 將蝦子煎到八分熟

5 下橙汁和醬油煮到濃稠

6 下果肉、檸檬汁、橙皮,攪拌均勻,完成

奶油塔香鱸魚  bake

///////////////////////////

鱸魚油脂比較沒那麼豐富，
用奶油增添油脂的豐厚度，充滿濃厚奶香，
再用九層塔增加清爽感和獨特香氣。

份　　量	2 人份
製作時間	25 分鐘
保　　存	冷藏 5 天、冷凍 1 個月

材料

鱸魚片……200g	**調味料**
麵粉……1 大匙	黑胡椒……1/8 小匙
醃料	奶油……25g
鹽……1/4 小匙	九層塔……2g
橄欖油……1 小匙	

奶油塔香鱸魚

蔬菜烘蛋
→ p.152

櫛瓜玫瑰→ p.136

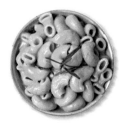

起司通心麵

作法

1 鱸魚片用醃料按摩一
下；奶油切塊放室溫
軟化；九層塔切碎末

2 鱸魚片雙面都拍上麵
粉；奶油和九層塔混
和均勻

3 將鱸魚（魚皮向上）
放入預熱過的烤箱，
200℃烤 15 分鐘，出
爐後放上奶油，再烤
5 分鐘，完成

茄汁培根蝦

萬用茄汁，脆口蝦球，混和培根煙燻油脂香，
也是某種程度上的海陸綜合體吧！

茄汁培根蝦

豆芽蔥蛋卷→p.158

涼拌芥蘭→p.156

地瓜飯糰

份　　量	1～2 人份
製作時間	15 分鐘
保　　存	冷藏 3 天、冷凍 1 個月

材料

蒜頭…… 12g

培根…… 50g

蝦子…… 190g

番茄…… 160g

調味料

番茄醬…… 4 大匙

蝦湯…… 100ml

（作法參考 p.16）

黑胡椒…… 適量

作法

1　蒜頭切末；培根切條；番茄去皮切丁；蝦子去殼開背去腸泥並擦乾水份

2　下一點點油，冷鍋放培根，再開中火慢慢炒到顏色轉深、焦香

3　加入蒜末推到旁邊，放蝦子煎到表面金黃（不用到熟）後取出

4　下番茄炒至顏色由紅轉橘且微軟
可加一點鹽加速番茄軟化

5　推到旁邊，下番茄醬炒香

6　加入蝦湯，和鍋底的精華一起攪拌均勻

7　將蝦子放回去，中大火收汁，最後加入黑胡椒，完成

孜然醬烤羊肉串

鮪魚起司墨西哥餅
→ p.63

小魚乾炒糯米椒
→ p.170

水煮紅蘿蔔

孜然醬烤羊肉串

\\\\\\\\\\\\\\\\\\\

不知道從何開始，羊肉就要搭孜然，
但這樣做不是沒有原因的，因為真的好搭！
辛香料不會壓過羊肉的香味，
但能減低羶味，是神奇的調味料。

份　　量	2～3 人份
製作時間	20 分鐘
保　　存	冷藏 5 天、冷凍 1 個月

材料

羊肉……150g

醃料

孜然粉……2 小匙

醬油……2 大匙

米酒……2 小匙

洋蔥……35g

蒜頭……8g

作法

1 羊肉切塊；洋蔥、蒜頭磨成泥

2 羊肉塊用醃料醃製一個晚上

3 將羊肉串起來，進烤箱（須預熱）190℃ 10 分鐘

4 拿出來刷一層醬汁，再 220℃ 5 分鐘，完成

起司豆奶醬烤鮭魚

湯煮高麗菜卷→p.142

蛋煎茄子扇→p.172

燙青花菜

毛豆飯

水煮紅蘿蔔

起司豆奶醬烤鮭魚 bake

\\\\\\\\\\\\\\\\\\\\\\

起司奶醬一點都不難，
主材料只需要起司和豆漿（可換成牛奶或其他植物奶），
淋到烤鮭魚上，奶香濃郁！

份　　量	1 人份
製作時間	15 分鐘
保　　存	冷藏 5 天、冷凍 1 個月

材料

鮭魚 …… 130g	**起司醬**
調味料	起司 …… 40g
鹽 …… 1/8 小匙	豆漿 …… 30g
黑胡椒 …… 1/8 小匙	義大利綜合香料 …… 1/8 小匙

作法

1 鮭魚除去粗刺，灑上調味料按摩一下；將起司醬材料裝在一個容器。烤箱預熱 10 分鐘，將鮭魚和起司醬用 190℃烤 10 分鐘

2 將起司醬取出，鮭魚再 200℃烤 3 分鐘

3 起司醬淋在鮭魚上，完成

豆腸鑲肉

////////////////////////

豆腸其實就是管狀、長得像腸子的豆皮，
中空的部分填入餡料，
可以乾煎或是加入高湯做關東煮。

份　　量	4～5 人份
製作時間	15 分鐘
保　　存	冷藏 5 天、冷凍 1 個月

材料

豆腸 …… 180g
麵粉 …… 1 小匙

絞肉餡

絞肉 …… 240g
蔥 …… 45g

調味料

薑 …… 1/2 小匙
香油 …… 1/2 小匙
醬油膏 …… 1 大匙
米酒 …… 1 大匙
鹽 …… 1/8 小匙
白胡椒粉 …… 1/4 小匙

作法

1 豆腸對半剖開後切段；蔥切末

2 將絞肉餡和調味料混和均勻，拌至有黏性

3 豆腸上內側一層薄粉麵粉幫助皮與內餡黏合，沒有也可以省略

4 將內餡鑲入豆腸盡量壓實，防止後續脫落

5 加油熱鍋，中小火，肉面向下煎約 2 分鐘

6 翻面蓋鍋蓋再煎 2 分鐘，完成

蝦米炒蘑菇青花菜
→ p.138

茄汁豆包
→ p.164

燙彩椒

香鬆飯

水煮紅蘿蔔

咖喱雞腿卷

////////////////////////

千張可以說是萬用皮！包東包西都可以，
包雞卷非常適合，再加上咖哩做個提味，
雙倍蛋白質充滿飽足感。

咖哩雞腿卷

柴魚拌秋葵→ p.140

薑燒杏鮑菇豆皮→ p.166

燙櫛瓜

份　　量	3～4 人份
製作時間	15 分鐘
保　　存	冷藏 5 天、冷凍 1 個月

材料

豆腐皮（千張）…… 3 片

內餡

雞腿肉…… 150g

洋蔥…… 35g

玉米…… 30g

青花菜…… 35g

調味料

咖哩粉…… 1 小匙

米酒…… 1 大匙

醬油…… 1 小匙

白胡椒粉…… 1/8 小匙

香油…… 1/4 小匙

作法

1 雞腿肉剁成小塊；青花菜和洋蔥切碎末

2 將內餡和調味料混和均勻至有黏性

3 千張平攤，鋪上內餡

4 兩邊往內收，壓實捲起，尾端用水沾濕黏起來

讓餡和皮緊貼，不要有空氣

5 加油熱鍋，接口向下煎，中火每面約 1 分鐘，煎到表面金黃，完成

大黃瓜鑲肉 steam

\\\\\\\\\\\\\\\\

大黃瓜軟綿多汁，鑲上肉餡看起來更豐富，
蒸出來的湯汁也相當美味哦！

份　　量	5 顆
製作時間	35 分鐘
保　　存	冷藏 5 天、冷凍 1 個月

材料

　　大黃瓜 …… 400g

　　絞肉 …… 250g

　　蔥 …… 45g

　　薑 …… 2g

　　麵粉 …… 少許

調味料

　　鹽 …… 1/4 小匙

　　薑泥 …… 1g

　　醬油 …… 2 大匙

　　米酒 …… 1 大匙

　　白胡椒粉 …… 1/4 小匙

　　香油 …… 1/4 小匙

作法

1 大黃瓜去皮切圈，挖掉中間的籽；絞肉加入調味料攪勻至有黏性；蔥切花；薑切絲

大黃瓜的皮口感偏硬，但若不介意，可以保留一些做造型

2 將蔥花加進絞肉，攪拌均勻

3 大黃瓜內側抹上一層薄麵粉

抹麵粉可以增加黃瓜與絞肉之間的黏性

4 將絞肉鑲進大黃瓜，盤中放入薑絲，進電鍋蒸 30 分鐘（外鍋 1 杯水），完成

肉蒸熟會縮，所以在鑲的時候可以鑲到突出表面，並壓緊

大黃瓜鑲肉

豆瓣燒豆腐→p.160

涼拌苦瓜→p.167

燙黃椒

燙青花菜

青椒鑲蝦漿

青椒做成外牆，幫助打成泥的魚蝦漿定型，
還吃的到一點小塊的口感，
如果有柴魚片可以加。

青椒鑲蝦漿

蔬菜春卷→ p.150

紅蘿蔔櫛瓜起司蛋卷→ p.170

燙青花菜

燙櫛瓜

香鬆飯

份　　量	5 片
製作時間	15 分鐘
保　　存	冷藏 3 天、冷凍 1 個月

材料

| 青椒 …… 80g |
| 蝦子 …… 100g |
| 鯛魚 …… 125g |
| 麵粉 …… 少許 |

調味料

| 鹽 …… 1/4 小匙 |
| 白胡椒粉 …… 1/8 小匙 |

作法

1 青椒切厚片圈；蝦子
去殼去腸泥

2 將鯛魚和蝦子加入調
味料混和絞成泥
剁泥前先冷凍可以增
加 Q 度

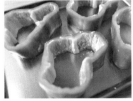

3 青椒內側上一點粉增
加黏性

4 將蝦漿填入青椒，盡
量壓實

5 加油熱鍋，第一面中小
火蓋鍋蓋煎約 5 分鐘
中途適時再將內餡壓緊

6 第二面不蓋鍋蓋煎約
3 分鐘，完成

韓式優格雞翅→ p.65

涼拌菠菜→ p.147

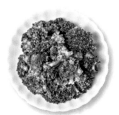

燙青花菜

燙玉米筍

水煮紅蘿蔔

藜麥地瓜

四季豆鮪魚煎蛋

//////////////

重點在於保持四季豆和紅蘿蔔的脆度，
配上鬆軟的蛋，口感較豐富，蛋液中加了醬油膏，
接觸鍋底後的香氣超迷人！

份　　量	3～4人份
製作時間	15分鐘
保　　存	冷藏5天、不建議冷凍

材料

蝦米……5g
蔥……30g
四季豆……100g
鮪魚罐頭……60g
紅蘿蔔……60g

蛋液

蛋……4顆
水……2大匙
油……1小匙

調味料

醬油膏……2小匙
白胡椒粉……1/4小匙

作法

1 蝦米泡水後瀝乾切碎；蔥切花；四季豆和紅蘿蔔切丁；鮪魚罐頭濾掉液體；蛋液混和均勻

2 加油熱鍋，中火爆香蔥花和蝦米

3 加入四季豆和紅蘿蔔稍微炒一下去生
不要炒太久，保持脆度

4 將炒好的料倒入蛋液，並加入調味料攪拌均勻

5 中火加油熱鍋，下蛋液，迅速由外向內推幾下，再轉動鍋子讓蛋液流到空洞的地方，煎約40秒至上色
鍋子要熱，蛋液下去會馬上出現裙邊，香氣才足

6 翻面後蓋鍋蓋，煎1分半至2分鐘，上色後完成

馬鈴薯鮭魚餅

洋蔥炒過散發出甜味，拌進馬鈴薯泥，
鬆軟薯餅的口感，
這種組合加起司感覺也會很好吃！

份　　量	8 顆
製作時間	25 分鐘
保　　存	冷藏 5 天、冷凍 1 個月

材料

馬鈴薯…… 400g

鮭魚…… 250g

洋蔥…… 35g

青花菜…… 40g

調味料

鹽…… 1/2 小匙

黑胡椒…… 1/4 小匙

作法

1 馬鈴薯切小丁；洋蔥、青花菜切碎末

2 將鮭魚和馬鈴薯蒸約 15 分鐘至熟，將盤中多餘的油脂倒出來

避免油分過多難成型，可以拿去拌或炒青菜

3 鮭魚去皮去刺，和馬鈴薯混和壓成泥（可以留一些顆粒保留口感）

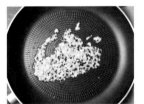

4 加油熱鍋，中火將洋蔥炒出甜味

要慢慢炒到微微透明變色才甜

5 加入青花菜炒除生味

只需炒一下即可，保留一點口感

6 將炒完的洋蔥、青花菜和調味料加入馬鈴薯泥，混和均勻

7 手上抹油防沾黏，塑成餅狀，確保四周厚度一至

8 加油熱鍋，中大火，因為材料都是熟的，所以只需將餅煎到雙面金黃

想要脆脆的外表，油就要多一點，半煎炸

馬鈴薯大阪燒

免去調麵糊的步驟,改用馬鈴薯泥本身的澱粉質,
綿密口感也是另一種風味,
也可變身為清冰箱料理!

份　　量	4 人份
製作時間	20 分鐘
保　　存	冷藏 5 天、冷凍 1 個月(不加醬)

材料

馬鈴薯……200g
紅蘿蔔……20g
高麗菜……100g
蛋……1 顆
肉片……40g

調味料

鹽……1/4 小匙
豬排醬……適量
美乃滋……適量
海苔粉……適量
柴魚片……適量
七味粉……適量

作法

1 馬鈴薯去皮切塊;紅蘿蔔、高麗菜切絲

2 馬鈴薯蒸 (水煮、微波) 熟壓成泥(可保留一些顆粒)

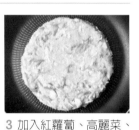

3 加入紅蘿蔔、高麗菜、蛋、鹽,攪拌均勻後,加油熱鍋,將混合好的薯泥倒入鍋中,並用鏟子塑形
邊邊和中心的厚度需一致

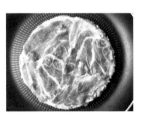

4 在上面鋪上肉片

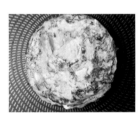

5 中小火慢慢煎至上色後翻面,另一面也煎至上色

6 依個人喜好放上剩餘的調味料,完成

海苔蘆筍卷

\\\\\\\\\\\\\\\\\\\

是一道百搭的便當菜，
好入口、兼顧蛋白質與纖維，
海苔看起來不重要，
但其實是畫龍點睛的角色。

份　　量	2～3 人份
製作時間	15 分鐘
保　　存	冷藏 5 天、冷凍 1 個月

材料

蘆筍⋯⋯ 50g
肉片⋯⋯ 250g
海苔⋯⋯ 4 片
麵粉⋯⋯ 少許

調味料

鹽⋯⋯ 1/4 小匙
黑胡椒⋯⋯ 適量
唐辛子⋯⋯ 適量

作法

1 蘆筍削除粗纖維

2 肉片攤開，幾片排在一起，中間重疊一小部分，灑上一點麵粉、鹽、胡椒

3 放上海苔，灑上一點麵粉

4 放上蘆筍，捲起來

5 加油熱鍋，接口向下中小火加鍋蓋慢煎，表面金黃後翻面，直到每面都上色

6 起鍋前灑點唐辛子粉

鮪魚起司墨西哥餅

\\\\\\\\\\\\\\\\\\\\

用熱氣讓起司融化，餅皮與餡料就能自然黏合，
餅皮兩面都煎到焦脆，
內餡要加什麼都可以（須注意不要太多水份），
是個很棒的輕食小點。

份　　量	3～4 人份
製作時間	15 分鐘
保　　存	冷藏 5 天、冷凍 1 個月

材料
墨西哥餅……2 片
內餡
鮪魚罐頭……100g
起司……60g
甜椒……25g
玉米粒……25g
調味料
巴西里……1/2 小匙
黑胡椒……1/8 小匙

作法

1 鮪魚罐頭、玉米瀝乾水份；甜椒切小丁
有水份的食材一定要先瀝乾，不然會把餅皮弄的濕濕爛爛

2 所有內餡和調味料攪拌均勻

3 鍋中不放油，放入一片墨西哥餅，均勻鋪上內餡，最外圍留一點空間，開中小火

4 擺上另一片墨西哥餅，用鍋鏟輕輕壓，將不均勻的內餡向從中間往外推

5 一面煎約 2 分鐘，底部餅皮上色後翻面，完成
中途持續用鍋鏟將餅壓實，並轉方向，讓上色均勻

雞絞肉玉米

steam

用瓜子肉做發想，轉換成更清爽的風味，
孜然粉可以替換成自己喜歡的調味料
（香蒜粉、五香粉…）。

份　　量	2～3 人份
製作時間	30 分鐘
保　　存	冷藏 5 天、冷凍 1 個月

材料

雞胸肉 …… 200g
玉米粒 …… 60g
玉米粉 …… 1 小匙

調味料

鹽 …… 1/4 小匙
蠔油 …… 1 小匙
味醂 …… 1/2 小匙
孜然粉 …… 1/8 小匙

作法

1 雞胸肉剁成泥

2 將雞胸肉、玉米和調
味料混和均勻

3 加入玉米粉混和均勻，
入電鍋蒸 25 ～ 30 分
鐘（外鍋 1 杯水），再
悶 5 分鐘，完成

韓式優格雞翅

方便的烤雞翅，只要改變醃料，就能成就多種變化，
韓式甜辣醬開胃下飯，擠上檸檬增添清爽！

份　　　量	12 隻
製作時間	20 分鐘
保　　　存	冷藏 5 天、冷凍 1 個月

材料

雞翅 …… 12 隻	辣椒粉 …… 2 小匙

醃料

洋蔥 …… 35g	醬油 …… 2 小匙
蒜頭 …… 12g	蜂蜜 …… 1 小匙
優格 …… 2 大匙	香油 …… 1/4 小匙
韓式辣醬 …… 2 大匙	

作法

1 雞翅去除雞翅尖，用
叉子在表面戳一戳，
擦乾水份；洋蔥、蒜
頭磨成泥

雞翅尖的厚度和中段
不一樣，同時烤熟度
會有差異，留起來另
外處理也好吃！

2 雞翅翻到背面，從骨
頭中間劃一刀，但不
要劃破正面

劃刀幫助入味，也比
較好烤熟

3 全部醃料混和均勻，
倒入一個保鮮袋，放
入雞翅抓醃，將空氣
擠出、封口，冷藏一
個晚上

4 烤箱 180℃預熱 10 分
鐘，稍微將雞翅上多
餘的醬料抖掉，劃刀
的那面朝上，180℃
烤 10 分鐘，翻面再用
200℃烤 5 分鐘上色，
完成

—— 忙碌週間的救星 ——

快速上桌

9 道

鮭魚炒花椰菜飯

鮭魚富含 Omega 3，利用本身的油脂做烹調，
可以減少不必要的油脂攝取。花椰菜米取代白飯，
大幅降低碳水量，可以和其他餐的搭配做平衡。

材料

蔥 …… 15g

蒜頭 …… 2g

鮭魚 …… 150g

蘑菇 …… 35g

洋蔥 …… 35g

紅蘿蔔 …… 25g

四季豆 …… 25g

白花椰菜 …… 130g

鮭魚調味

鹽 …… 1/8 小匙

黑胡椒 …… 適量

調味料

鹽 …… 1/8 小匙

黑胡椒 …… 適量

義式綜合香料
 …… 1/8 小匙

份　　量	1 人份
製作時間	15 分鐘
保　　存	冷藏 5 天、冷凍 1 個月

作法

1 蔥切花；蒜頭切末；鮭魚兩面撒上鹽、黑胡椒，按摩一下；蘑菇切片；洋蔥、紅蘿蔔、四季豆、白花椰菜切小丁

2 鍋子不放油，中火乾煎鮭魚逼油，兩面上色後取出備用

如果鮭魚是比較沒有油脂的部位，要加一點油潤鍋

3 利用鍋內的鮭魚油爆香蔥、蒜

4 下洋蔥、紅蘿蔔、蘑菇炒軟

5 下四季豆、白花椰菜大火炒到水份收乾，再加入調味料，拌炒均勻，完成

辣炒韭菜餃肉干絲麵

\\\\\\\\\\\\\\\\\\\\\\\\\\\

干絲是外表像麵條的豆製品，富含蛋白質，
用來取代一般黃、白麵條，整道料理可以當作主食，
成為配菜也不奇怪。

份　　量	1 人份
製作時間	15 分鐘
保　　存	冷藏 5 天、不建議冷凍

材料

蒜頭…… 4g
薑…… 1g
干絲…… 140g
絞肉…… 80g
紅蘿蔔…… 10g
韭菜花…… 70g

醬汁

米酒…… 2 大匙
醬油…… 1 小匙
蠔油…… 4 小匙
水…… 2 大匙
白胡椒粉…… 1/8 小匙
香油…… 幾滴

作法

1 蒜頭、薑切末；干絲充分洗淨後把太長的稍微剪短；紅蘿蔔切丁；韭菜花切細段

2 煮一鍋滾水，氽燙干絲約 30 秒後撈起瀝乾去除豆製品的鹹味

3 抹薄油熱鍋，中大火將絞肉炒至微焦
絞肉先用煎的方式上色後再炒開

4 加入紅蘿蔔、蒜末、薑末，炒至紅蘿蔔微軟

5 加入米酒，炒到收乾

6 加入韭菜花，翻炒一下
韭菜花很快熟，所以只須炒一下

7 加入干絲和醬汁，炒至收汁，完成

咖哩鮮蝦豆皮麵

//////////////////

豆皮是很好取得的豆製品之一，也有數不清的變化，
當作麵條吸附醬汁就非常適合。

份　　量	1 人份
製作時間	20 分鐘
保　　存	冷藏 3 天、冷凍 1 個月

材料

蔥 …… 15g	蝦子 …… 6 隻	**調味料**
乾香菇 …… 5g	豆皮 …… 170g	咖哩粉 …… 2 小匙
洋蔥 …… 40g	冷凍青花菜 …… 50g	醬油 …… 2 小匙
紅蘿蔔 …… 30g	熱水 …… 250 ml	鹽 …… 1/4 小匙

作法

1 蔥切段;洋蔥、紅蘿蔔、乾香菇泡開後切粗絲;蝦子去殼開背去腸泥;豆皮順紋切條

豆皮順紋切才不會整個散開

2 抹一點油熱鍋,加入豆皮和鹽,中火煎炒到表面乾乾的、微焦後起鍋備用

3 鍋內下油,中火爆香蔥白、乾香菇

4 下洋蔥、紅蘿蔔炒至微軟

5 推到鍋邊,下蝦子中大火煎到表面微焦後取出備用

6 補 1 小匙油,加入咖哩粉炒香

7 加入醬油、熱水,攪拌至粉末完全融化

8 加入豆皮、青花菜、蝦子、蔥綠,拌炒均勻收汁,完成

茶香涼烏龍

///////////////////

清爽茶香搭配軟 Q 烏龍麵，適合炎炎夏日，加上各式配料，
非常開胃！（配料都可依照自己喜好做增減更替）

份　　量	1 人份
製作時間	10 分鐘
保　　存	建議做完 盡速食用完畢

材料

冷凍烏龍麵…… 200g
蛋皮…… 20g
紅蘿蔔…… 20g
櫛瓜…… 20g
茶包…… 2 包
熱水…… 200ml

醬汁

醬油…… 1 小匙
香油…… 1/4 小匙
芝麻…… 1/2 小匙

作法

1 蛋皮、紅蘿蔔、櫛瓜
切絲；茶包用熱水泡
開（約 2～3 分鐘）

2 煮一鍋滾水，將冷凍
烏龍麵煮散

冷凍烏龍麵已經是熟
的了，只需煮散就可
以撈起

3 撈起後泡冰水至冷卻

4 茶裡加入醬汁，冰入
冷藏或放入幾顆冰塊

5 待醬汁冰涼後，全部
材料組裝，完成

培根起司馬鈴薯風琴 🔲bake

馬鈴薯風琴有很棒的視覺效果,加上起司和培根,
奶香與油脂豐潤了整體口感,同時也兼顧蔬菜攝取。

份　　量	1 人份
製作時間	35 分鐘
保　　存	冷藏 5 天、不建議冷凍

材料

馬鈴薯 …… 1 顆
培根 …… 1 片
起司 …… 1 片
櫛瓜 …… 60g
彩椒 …… 80g
茄子 …… 50g
小蕃茄 …… 50g

調味料

橄欖油 …… 1 小匙
鹽 …… 1/4 小匙
義式香料 …… 1/8 小匙
黑胡椒 …… 適量
巴西里 …… 適量

作法

1 培根、起司切小段;櫛瓜、茄子切片;彩椒切塊

2 馬鈴薯維持底部不斷,切薄片
上下各放一隻筷子即可輕鬆不切斷底部
盡量切到接近底部,馬鈴薯片會比較好展開

3 馬鈴薯表面和切面刷一層橄欖油,入烤箱(須預熱)190℃烤 20 分鐘
若有微波爐,只需2~5分鐘

4 蔬菜們加入橄欖油和調味料,攪拌均勻

5 時間到後,取出馬鈴薯,中間隔層夾入起司和培根

6 將蔬菜也放進烤盤,一起入烤箱 200℃烤 10 分鐘,完成

泰式風味雞絲冷麵

///////////////////////////

泰式風味的重要調味料就是魚露，
保有鹹鮮不失清爽，脆口的蔬菜增加口感，
麵條可以依照個人喜好做更替。
（e.g. 白麵、蕎麥麵）

份　　量	2 人份
製作時間	20 分鐘
保　　存	涼拌雞絲部分冷藏 5 天、不建議冷凍

材料
- 麵線 ……160g
- 紅蘿蔔 ……35g
- 洋蔥 ……70g
- 櫛瓜 ……35g
- 番茄 ……35g

雞絲
- 雞胸 ……170g
- 水 ……500 ml
- 薑 ……5g
- 蔥 ……15g
- 米酒 ……1 大匙

醬汁
- 花生 ……12g
- 魚露 ……5 小匙
- 辣椒 ……1 小匙
- 檸檬汁 …… 8 小匙
- 蒜頭 ……4g
- 糖 ……4 小匙

作法

1 紅蘿蔔、洋蔥、櫛瓜切絲；番茄切丁；薑切片；蔥打結；花生磨碎；辣椒、蒜頭切末

2 煮一鍋滾水，加入米酒、薑和蔥

3 再次煮滾後，放入雞胸，煮 40 秒後關火，蓋鍋蓋悶 10 ～ 12 分鐘 (依雞胸大小)
用悶熟的方式雞胸會比較嫩

4 起鍋後靜置 5 分鐘，順著紋路拔成絲備用；醬汁材料混和均勻

5 混和雞絲、蔬菜們與醬汁
混和後可放冰箱 1 ～ 2 小時更入味

6 煮一鍋滾水，燙熟麵線
也可以用燙雞肉的高湯煮更有味道

7 將麵線撈起，泡冰水後瀝乾

8 將料放在麵線上，撒上花生，完成

木須炒餅

蔥抓餅除了包料，還有許多變化，
可以切條成為偽麵條，煎到金黃酥脆後，
拌入醬汁翻炒，鍋氣、醬香、麵香融合成精華。

份　　量	1 人份
製作時間	15 分鐘
保　　存	冷藏 5 天、不建議冷凍

材料

冷凍蔥抓餅…… 1 片
蔥…… 15g
洋蔥…… 40g
紅蘿蔔…… 30g
高麗菜…… 50g
木耳…… 50g
肉絲…… 60g
蛋…… 1 顆

醃料

醬油…… 1 小匙
玉米粉…… 1/2 小匙

調味料

醬油…… 2 小匙
鹽…… 1/4 小匙
白胡椒粉…… 1/8 小匙

作法

1 蔥切段；洋蔥、紅蘿蔔、木耳切絲；高麗菜切小塊；肉絲用醃料抓醃；蛋打散

2 蛋煎成皮起鍋切條（作法參考：常用食材變化）

3 加油熱鍋將蔥抓餅中火煎到兩面金黃酥脆
用筷子或夾子將餅從兩側往中間擠，抓鬆增加表面積與酥脆度

4 起鍋切條

5 加油熱鍋，中火爆香蔥白

6 下洋蔥、紅蘿蔔大火炒至微軟

7 加入高麗菜和木耳炒軟
炒蔬菜食保持大火翻炒可以讓蔬菜又脆又甜

8 料都移至鍋邊，下肉絲炒散炒熟

9 放入蔥抓餅和蛋皮，從鍋邊熗入醬油，灑上鹽和胡椒，快速拌炒，完成
加入餅後要快速，太慢會讓餅太濕軟
醬油要從鍋邊倒，倒在中間會讓餅濕掉

什錦炒蒟蒻麵

\\\\\\\\\\\\\\\\\\\\\\

蒟蒻相較一般麵體，不管是熱量還是碳水都低，
是飲食控制的好夥伴，利用炒過的香氣，
增加整體的豐富度。
（配料可依個人喜好做更替）

份　　量	1 人份
製作時間	15 分鐘
保　　存	冷藏 5 天、不建議冷凍

材料

蒟蒻麵 …… 200g	芥蘭 …… 50g	**醬汁**			
紅蔥頭 …… 8g	肉絲 …… 50g	醬油 …… 3 小匙			
蔥 …… 15g	**醃料**	蠔油 …… 1 小匙			
紅蘿蔔 …… 30g	醬油 …… 1 小匙	味醂 …… 2 小匙			
洋蔥 …… 40g	玉米粉 …… 1/2 小匙	醋 …… 1 小匙			
木耳 …… 30g	白胡椒粉 …… 適量	水 …… 50 ml			
		白胡椒粉 …… 適量			

作法

1 紅蔥頭和蔥切末;紅蘿蔔、洋蔥、木耳、芥蘭切絲;肉絲用醃料抓醃;將醬汁材料混和均勻

2 起一鍋滾水,汆燙蒟蒻麵去腥,撈起瀝乾備用

使用免汆燙的蒟蒻麵則免

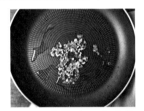

3 下一大匙油,冷油放紅蔥頭,開小火慢煸至金黃後撈出備用

紅蔥頭撥散放涼才會脆(用現成紅蔥酥則可略過此步驟)

4 繼續用紅蔥油中火爆香蔥末

5 下紅蘿蔔、洋蔥、木耳炒軟

6 先將炒料移至鍋邊,另一邊下肉絲炒香

7 加入芥蘭、蒟蒻麵,全部料炒在一起,炒至芥蘭微軟

8 加入醬汁,拌炒均勻

9 炒到稍微收汁後加入紅蔥頭、蔥綠,拌炒均勻,完成

鮮蝦吐司烤蛋 🔲bake

\\\\\\\\\\\\\\\\\\\\\\\

說到早餐,吐司和蛋可能是很多人的第一選項,
不如多加一些配料,變成營養滿分的吐司烤蛋。
一鍋到底,料理完連同容器一起直接上桌,十分方便!

份　　量	1 人份
製作時間	20 分鐘
保　　存	建議做完盡速食用完畢

材料

吐司……1 片
蝦子……6 隻
青花菜……30g
彩椒……20g
小蕃茄……10g

蛋液

蛋……2 顆
豆漿……50 ml
(牛奶 / 杏仁奶 / 燕麥奶)
香蒜粉……1/4 小匙
鹽……1/4 小匙
黑胡椒……適量

作法

1 吐司、彩椒、小蕃茄切小塊;蝦子去殼去腸泥並開背;青花菜切小朵;將蛋液的材料全部混合均勻

2 準備一個可進烤箱的容器,放入吐司和其他料,再倒入蛋液,進烤箱(須預熱)190℃烤約 15 分鐘(蛋變成固體即可),完成
蛋液在烤的過程中會膨脹,所以裝到八分滿就好,也要注意容器與烤箱頂部的距離

省時省力

一鍋到底

——

14

道

彩椒櫛瓜雞丁飯

////////////////////////

雞肉和櫛瓜可以說是天作之合，加上微辣、
充滿豆瓣香的醬汁，非常下飯。雞胸肉經過抓醃，
口感完全不乾柴，水嫩水嫩。

份　　量	1 人份
製作時間	15 分鐘
保　　存	冷藏 5 天、冷凍 1 個月

材料

雞胸肉 …… 160g

紅蘿蔔 …… 15g

櫛瓜 …… 60g

彩椒 …… 50g

醃料

蒜頭 …… 8g

薑 …… 1g

蠔油 …… 2 小匙

白胡椒粉 …… 1/8 小匙

玉米粉 …… 2 小匙

調味料

豆瓣醬 …… 1 小匙

醬油 …… 2 小匙

米酒 …… 2 大匙

作法

1 雞胸肉、櫛瓜、彩椒
切塊；紅蘿蔔切片；
蒜頭、薑切末
雞胸肉盡量大小差不
多，熟程度才會一致

2 雞胸肉用醃料抓醃

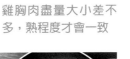

3 加油熱鍋，中火下紅
蘿蔔炒到油變色

4 移至鍋邊，在空處炒
香豆瓣醬

5 下雞胸肉炒至表面變色

6 加入醬油、米酒後再
加入櫛瓜和彩椒，翻
炒至收汁，完成

泡菜燒肉丼

\\\\\\\\\\\\\\\\\\\\\\\\\\

泡菜的酸味有助開胃，加上滿滿的肉量，飽足感 +100 ！
除了做成丼飯，單純做便當菜也非常適合喲！

份　　量	1 人份
製作時間	15 分鐘
保　　存	冷藏 5 天、冷凍 1 個月

材料

蒜頭⋯⋯ 4 g
蔥⋯⋯ 15g
洋蔥⋯⋯ 70g
泡菜⋯⋯ 80g
肉片⋯⋯ 100g
香油⋯⋯ 1/8 小匙

醃料

醬油⋯⋯ 1 小匙
泡菜汁⋯⋯ 1 小匙

醬汁

泡菜汁⋯⋯ 1 大匙
韓式辣醬⋯⋯ 1 小匙
醬油⋯⋯ 1/2 小匙
糖⋯⋯ 1/2 小匙

作法

1 蒜頭和蔥白切末；蔥綠切絲泡冰水；洋蔥切絲；泡菜擠乾水份切段；肉片切成適口大小，加入醃料抓醃

2 加油熱鍋，中火爆香蒜末和蔥末

3 下洋蔥炒至微軟

4 下泡菜稍微翻炒
泡菜先炒過可以去除過多酸味

5 先將炒料移至鍋邊，另一邊下肉片炒至八分熟

6 加入醬汁，翻炒至肉片全熟，起鍋前淋上香油，完成
每款泡菜鹹酸度不同，可以依照個人喜好調整醬汁比例

肌肉好棒棒親子丼

///////////////

一般親子丼是用雞腿肉，但為了油脂均衡攝取，
換成雞胸肉，再額外加一些蔬菜，
不僅增加營養，口感上也更豐富。

份　　量	1 人份
製作時間	15 分鐘
保　　存	冷藏 5 天、 冷凍 1 個月

材料

雞胸肉……200g
蛋……2 顆
杏鮑菇……25g
高麗菜……60g
洋蔥……40g

醃料

蒜泥……4g
洋蔥泥……50g
醬油……1 大匙

醬汁

醬油……2 小匙
味醂……2 小匙
水……3 大匙

作法

1 雞胸肉切塊，用醃料
抓醃；杏鮑菇切條；
高麗菜切條；洋蔥切
絲；蛋打散

2 加油熱鍋，中大火將
杏鮑菇、高麗菜、洋
蔥炒到微軟
大火可讓蔬菜保持脆甜

3 推到鍋邊，下雞胸肉
（醃料稍微瀝乾）炒到
變色

4 加入醬汁煮滾，高麗
菜也軟了

5 將料集中，倒入一半的
蛋液，煮至有點凝固

6 再倒入另一半蛋液，
關火，蓋上鍋蓋悶
30 ～ 60 秒（依個人
喜好）
用悶的可以讓蛋液不
過熟，半熟更滑順

南瓜雞腿燕麥粥

////////////////////////

主要用南瓜本身的甜味和雞腿肉的油脂，
組合成基底味，調味只需要簡單的鹽和胡椒，
煮出來的粥味道不輸用高湯煮的。

份　　量	1 人份
製作時間	15 分鐘
保　　存	冷藏 5 天、冷凍 1 個月

材料

雞腿肉 …… 200g	蝦米 …… 3g	**醃料**	**調味料**
南瓜 …… 160g	冷凍青花菜 …… 50g	鹽 …… 1/4 小匙	鹽 …… 1/4 小匙
紅蘿蔔 …… 30g	水 …… 350ml	黑胡椒 …… 適量	黑胡椒 …… 適量
乾香菇 …… 5g	燕麥 …… 30g		

作法

1 雞腿擦乾表面水份，肉的那面劃幾刀，並用醃料按摩一下；南瓜切片(皮可去可不去)；紅蘿蔔切丁；乾香菇用水泡開後切片；蝦米泡水後撈起瀝乾；青花菜切小朵

擦乾水份煎起來比較不會出水，皮才會脆

2 冷鍋不放油，雞皮向下小火慢慢煎出油

適時壓一下，讓皮均勻貼在鍋底，或拿重物壓上去，這時候還先不要移動它

3 等油都出來了，雞皮也變成有點黃色但還沒焦脆，轉中火，繼續煎

這時就可以不時移動雞腿在鍋內的角度，讓皮上色均勻一點

4 挪去旁邊，在空處爆香乾香菇和蝦米

5 放入南瓜和紅蘿蔔，利用雞油去炒

6 雞皮焦脆時翻面，等另一面也上色後取出

7 將雞腿切塊備用

8 看南瓜炒到表面上色後，加入水，鍋底有精華的話刮一刮蓋鍋蓋小火悶煮

9 南瓜完全軟後，用鏟子壓爛

10 加入燕麥片、青花菜、雞腿，攪拌均勻，蓋鍋蓋煮到收汁

11 加入鹽和黑胡椒，完成

豆腐鮮蝦藜燕麥雙粥

\\\\\\\\\\\\\\\\\\\\\\\\\\\

蝦湯把蝦子的精華全都凝聚起來，再放燕麥去吸附濃厚
蝦味，一碗香濃鮮蝦粥，暖心暖胃。

份　　量	1 人份
製作時間	15 分鐘
保　　存	冷藏 3 天、不建議冷凍

材料

> 蔥 …… 15g
> 蛋豆腐 …… 200g
> 蝦子 …… 140g
> 蝦湯 …… 200ml
> （作法參考 p.16）
> 水 …… 150ml
> 熟藜麥 …… 1.5 大匙
> 燕麥 …… 30g
> 芥蘭 …… 25g

調味料

> 鹽 …… 1/8 小匙
> 黑胡椒 …… 適量

作法

1 蔥切花；蛋豆腐切小塊；蝦子去殼、腸泥，擦乾，切丁；芥蘭切段

2 加油熱鍋，中火將蛋豆腐煎到表面金黃

3 加入蔥白，推到旁邊，空處將蝦子中大火煎到上色後取出
用煎的讓表面出現香氣，炒的話會出水，香味不足

4 加入蝦湯、水煮滾

5 加入熟藜麥、燕麥、芥蘭、蝦子攪拌均勻，煮至菜熟麥軟

6 加入調味料，攪拌均勻，完成

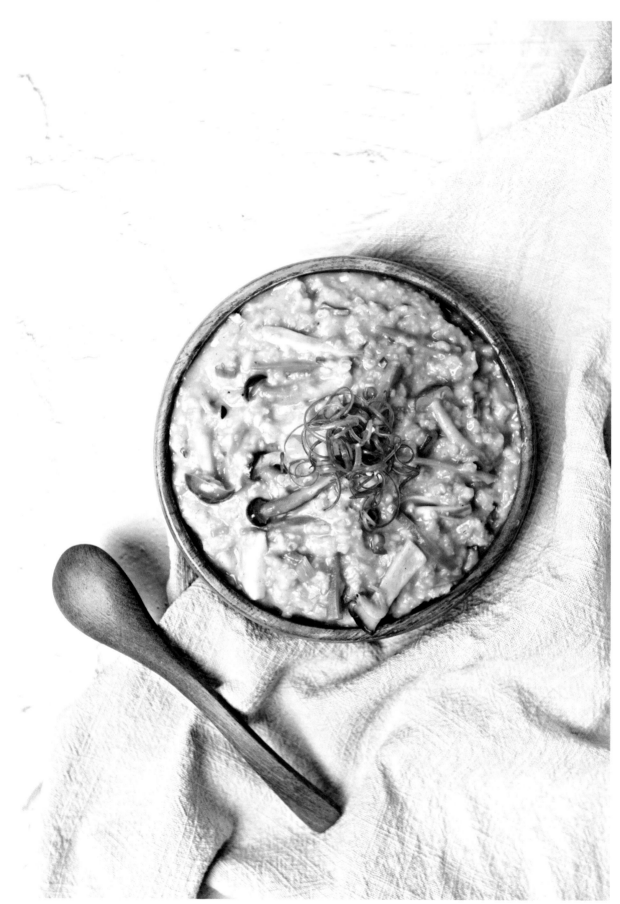

綜合菇菇燕麥粥

//////////////////////

可以自由選用喜歡的菇類，混合多種口感，
不管吃起來還是看起來都很豐富。

份　　量	1 人份
製作時間	15 分鐘
保　　存	冷藏 5 天、 不建議冷凍

材料

蔥…… 15g

蒜頭…… 2g

鴻禧菇…… 40g

雪白菇…… 40g

舞菇…… 40g

杏鮑菇…… 40g

紅蘿蔔…… 30g

芹菜…… 30g

燕麥…… 100 g

水…… 600 c.c.

調味料

鹽…… 1/4 小匙

白胡椒粉…… 1/8 小匙

作法

1 蒜頭、蔥切末；鴻喜菇、
雪白菇、舞菇剝散；杏
鮑菇切片；紅蘿蔔切絲；
芹菜切小丁

2 菇類放入鍋中，不加
油中大火乾煸至金黃

不需過度拌炒，靜靜
待出水再稍微翻一下

3 移至鍋邊，另一邊補
油，爆香蒜末、蔥白

4 下紅蘿蔔炒至微軟

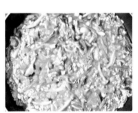

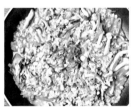

5 加水、燕麥、芹菜，
轉中小火煮至濃稠，
需不時攪拌

6 加入調味料、蔥綠，
攪拌均勻，完成

菠菜肉末糙米粥

經過爆香和炒製，整體香氣提升許多，
加入米飯後慢慢熬煮到濃稠，清淡卻不單調。

份　　量	2 人份
製作時間	15 分鐘
保　　存	冷藏 5 天、冷凍 1 個月

材料

蔥……30g
蝦米……8g
紅蘿蔔……40g
菠菜……100g
絞肉……120g
米酒……2 大匙
水……700ml
糙米飯……300g

調味料

鹽……1/2 小匙
油蔥酥……1 小匙
白胡椒粉……1/8 小匙

作法

1 蔥切花；蝦米泡水後瀝乾；紅蘿蔔切絲；菠菜切段

2 加油熱鍋，中火爆香蔥白和蝦米

3 下紅蘿蔔炒到微軟

4 將紅蘿蔔推到旁邊，下絞肉炒乾水份

5 加入米酒再一次炒乾米酒幫助去腥及增添香氣

6 加入水和糙米飯，轉小火蓋鍋蓋悶煮至湯變白濁

7 加入菠菜煮軟後放蔥綠和調味料，攪拌均勻，完成

番茄肉絲燉飯

從生米開始一鍋到底煮成熟飯，
番茄的酸味佈滿每粒米，和粥比起來，米芯較硬，
可自由控制米的熟度（也可以用熟飯，但水量就須減少）

份　　量	2 人份
製作時間	35 分鐘
保　　存	冷藏 5 天、冷凍 1 個月

材料

番茄…… 160g
豬里肌…… 90g
蝦米…… 5g
紅蘿蔔…… 30g
毛豆…… 35g
米…… 70g
水…… 400ml

調味料

鹽…… 1/4 小匙
黑胡椒…… 適量

醃料

醬油…… 1/2 小匙
香油…… 1/4 小匙
米酒…… 1/2 小匙
白胡椒粉…… 1/8 小匙
玉米粉…… 1/2 小匙

作法

1 番茄去皮切塊；豬里肌切細條，用醃料抓醃；紅蘿蔔切丁；糙米洗淨濾乾；蝦米泡水後瀝乾

　番茄後來會軟化，喜歡有口感不用切太小（去皮方法參考 p.14）

2 加油熱鍋，中火爆香蝦米

3 下里肌肉炒開，炒到表面變色

4 移至鍋邊，下番茄和鹽炒軟

　加鹽可幫助番茄軟化

5 加入紅蘿蔔和糙米翻炒均勻

6 加入熱水，蓋鍋蓋煮10 分鐘，再關火悶15 分鐘

7 最後加入毛豆和黑胡椒，攪拌均勻，完成

蒜香蛤蜊鮮蝦義大利麵

///////////////

一鍋到底的作用除了方便，還有就是把所有食材的美味
全部濃縮在一起，洋蔥的清甜、白酒的香氣、蛤蜊的鹹鮮，
讓義大利麵吸收所有精華。

材料

橄欖油	2 小匙
蒜頭	12g
洋蔥	35g
蛤蠣	14 顆
蝦子	4 隻
白酒	40ml
熱水	350ml
義大利麵	80g
冷凍青花菜	40g

調味料

香蒜粉	1/2 小匙
（可省）	
黑胡椒	適量
巴西里	適量

份　　量	1 人份
製作時間	20 分鐘
保　　存	建議做完盡速食用完畢

作法

1 蒜頭切末；洋蔥切小丁；蛤蜊吐沙；蝦子去鬚去腸泥

2 下橄欖油，中火爆香蒜末和洋蔥末，炒至洋蔥變透、變色

3 下白酒，大火收乾
收乾為了去除過多酸味，保留香氣

4 加入熱水、義大利麵、蛤蜊、蝦子，蓋鍋蓋小火煮，計時約 12 分鐘（包裝上寫 8～10 分鐘），或喜歡的硬度
盡量讓義大利麵散開，以免後續麵條結塊
因為義大利麵沒有完全泡到醬汁，所以煮的時間要拉長一點

5 蛤蜊開、蝦子紅後先取出，順便攪拌義大利麵，再蓋上，直至時間到
取出的蛤蜊加上蓋子可以避免萎縮得太小
保留一些湯汁，不要收到完全乾，麵到起鍋後都還會再吸水份

6 最後加入青花菜、香蒜粉、黑胡椒、巴西里，拌炒均勻，完成（先試味道再決定要不要加鹽）

番茄肉醬義大利麵

////////////////////

經典款的義大利麵口味，番茄越煮會越軟，
省去額外慢燉的時間，和義大利麵一起煮，
也讓麵體更有味道。

份　　量	1 人份
製作時間	20 分鐘
保　　存	建議盡速食用完畢

材料

蒜頭…… 12g
洋蔥…… 35g
絞肉…… 70g
番茄…… 150g
去皮番茄罐頭…… 60g
月桂葉…… 3 片
熱水…… 350ml
義大利麵…… 80g

調味料

鹽…… 1/4 小匙
香蒜粉…… 1/2 小匙（可省）
巴西里…… 1/2 小匙（可省）
黑胡椒…… 適量

作法

1 蒜頭切末；洋蔥切小丁；番茄去皮切小丁（去皮方法參考 p.14）

2 加油熱鍋，中火爆香蒜頭、洋蔥

3 洋蔥炒到微軟後加入絞肉炒乾且微焦

4 加入番茄丁和鹽混和炒軟，且顏色由紅轉橘
鹽可以幫助番茄加速軟化

5 加入去皮番茄罐頭稍微炒幾下

6 加入熱水，攪拌均勻，放入義大利麵、月桂葉，稍微壓一下，使義大利麵浸到湯汁，或是事先折成兩半，蓋鍋蓋小火煮約 12 分鐘（包裝上寫 8~10 分鐘），或喜歡的硬度，中途不時開蓋攪拌一下
因為義大利麵沒有完全泡到醬汁，所以煮的時間要拉長一點
保留一些湯汁，不要收到完全乾，麵到起鍋後都還會再吸水份

7 開蓋，取出月桂葉，加入調味料，攪拌均勻，完成

雞肉丸子味噌豆奶鍋

味噌加上豆漿，口味會變得更香醇柔和，
雞肉丸子成為主角，配角們可以隨意增減，
組成自己最滿意的一鍋。

份　　量	1 人份
製作時間	25 分鐘
保　　存	雞肉丸子：冷藏 5 天、冷凍 1 個月

材料

雞肉丸子

雞胸肉 …… 250g

蛋 …… 1 顆

金針菇 …… 100g

蔥 …… 15g

薑泥 …… 1/8 小匙

調味料

鹽 …… 1/4 小匙

白胡椒粉 …… 1/4 小匙

湯底

豆漿 …… 600g（可換成牛奶）

水 …… 700ml

味噌 …… 65g

其他配料

白菜、嫩豆腐、金針菇、
鴻禧菇、紅蘿蔔、白蘿蔔
…… 隨喜

作法

1 雞胸剁成絞肉；金針菇切小段；蔥切末

2 將雞肉丸子和調味料的材料混和均勻，攪拌至有黏性

3 用湯匙將雞絞肉塑成丸子狀，放入滾水中煮
丸子下水煮到浮起來就差不多

4 煮熟後撈起來

5 將煮雞肉丸的水濾去浮沫，量太少則補水至 700ml

6 先下白蘿蔔和白菜梗等較需時間煮的食材

7 煮軟後加入豆漿，再加入其餘食材煮熟

8 最後用濾網將味噌融進湯裡，再放入雞肉丸子，完成
味噌煮滾後香味會漸漸變質，所以需要最後加

番茄海鮮蔬菜湯

\\\\\\\\\\\\\\\\\\\\\\

大量蔬菜經過炒製散發出甜味，和海鮮的甜味不同，
組合起來卻很合適，再用最簡單的調味提鮮
就是暖心暖胃的一道湯品。

份　　量	1 人份
製作時間	25 分鐘
保　　存	冷藏 5 天、冷凍 1 個月

材料

蒜頭	8g
洋蔥	200g
馬鈴薯	150g
紅蘿蔔	150g
西洋芹	150g
水	800ml
月桂葉	4 片
番茄	150g
蛤蠣	16 顆
蝦子	8 隻
魷魚	100g

調味料

鹽	1/2 小匙
黑胡椒	1/8 小匙

作法

1　蒜頭切末；洋蔥切大塊；馬鈴薯、紅蘿蔔切滾刀；西洋芹斜切，番茄切半月；蛤蠣吐沙；蝦子去鬚去腸泥；魷魚切圈
馬鈴薯和紅蘿蔔邊邊尖角可以削平一點，可避免彼此碰撞而破碎。馬鈴薯在烹煮過程中會軟化，所以體積要比其他食材大

2　鍋子加油預熱，中火爆香蒜頭

3　加入洋蔥、馬鈴薯、紅蘿蔔、西洋芹炒約3分鐘，炒出甜味

4　加入水(蓋過材料)、月桂葉，煮滾後轉小火繼續煮到紅蘿蔔可以用筷子戳進

5　取出月桂葉，放入番茄、蛤蠣、蝦子、透抽

6　蛤蠣開後，加入鹽、黑胡椒調味(可依個人口味做調整)，攪拌均勻，完成

南瓜濃湯

\\\\\\\\\\\\\\\\\\\\\\\

秋天是南瓜的季節，南瓜濃湯有很多種派別，
這道偏中式，爆香些許蔥、薑，
為入冬做準備。

份　　量	1 人份
製作時間	20 分鐘
保　　存	冷藏 5 天、冷凍 1 個月

材料

南瓜⋯⋯ 250g

薑⋯⋯ 3g

蔥⋯⋯ 15g

月桂葉⋯⋯ 2 片

熱水⋯⋯ 100ml

豆漿⋯⋯ 200ml

（依個人對濃度喜好做增減）

調味料

鹽⋯⋯ 1/8 小匙

黑胡椒⋯⋯ 適量

作法

1 南瓜去皮切塊；薑切片；蔥打結

2 加油熱鍋，中火爆香蔥和薑

3 加入南瓜翻炒約 2、3 分鐘

4 加入熱水、月桂葉，蓋鍋蓋悶煮 10 分鐘

5 取出蔥、薑、月桂葉，加入豆漿，用果汁機或調理棒打成泥

6 加入調味料攪拌均勻，再次煮滾，完成

豆腐蔬菜湯 steam

堪稱零廚藝便是這道了，德腸擔任重要角色，
讓湯帶點煙燻及肉汁的專屬甜味，
大人小孩都會愛上。

份　　量	1 人份
製作時間	35 分鐘
保　　存	冷藏 5 天、不建議冷凍

材料

凍豆腐 …… 300g
高麗菜 …… 200g
紅蘿蔔 …… 40g
番茄 …… 80g
洋蔥 …… 100g
煙燻德腸 …… 130g

水 …… 1000ml
月桂葉 …… 2 片
黑胡椒粒 …… 1/2 小匙

調味料

鹽 …… 1 小匙
黑胡椒 …… 適量

作法

1 凍豆腐、洋蔥切塊；高麗菜隨意剝；紅蘿蔔切半月片；番茄切半月塊；煙燻德腸切斜片

2 除了調味料，全部材料放入鍋中（月桂葉和黑胡椒粒用茶包包起來），入電鍋蒸約 30 分鐘

3 跳起後將月桂葉和黑胡椒粒拿出，加入調味料，攪拌均勻，完成

8 道

無限變化 的

百搭

美味

蘋香燒肉片 軟法

///////////////////////////

蘋果泥取代糖加入醃料中，使肉片更柔軟，
切成絲入鍋增加果香，清爽又有飽足感！

份　　量	1 人份
製作時間	15 分鐘
保　　存	冷藏 5 天、冷凍 1 個月

材料

梅花肉片……200g
洋蔥……70g
蘋果……30g
水……8 大匙

醃料

蘋果……80g
蒜頭……10g
醬油……3 大匙
味醂……2 小匙

作法

1 肉片切成適口大小；洋蔥、蘋果切絲；醃料蘋果和蒜頭磨成泥，和其他材料混和均勻

2 肉片用醃料醃 10 分鐘

3 加油熱鍋，中火將洋蔥炒到微軟

4 加入肉片和醃料煮至肉片熟

5 起鍋前關火，再加入蘋果熱拌，完成
蘋果預熱後很快變軟變色，快速熱拌後就要起鍋，保持口感

味噌烤雞腿排 飯糰

\\\\\\\\\\\\\\\\\\\

味噌和雞腿排可以說是天作之合，
更是下飯的好菜色！材料簡單，
料理過程也不用動腦。

份　　量	1 人份
製作時間	20 分鐘
保　　存	冷藏 5 天、冷凍 1 個月

材料

雞腿排 …… 1 片

醃料

味噌 …… 1 小匙

醬油 …… 1 小匙

味醂 …… 2 小匙

作法

1 雞腿排稍微去除多餘
油脂，肉的那面劃幾
刀；醃料混和均勻
劃刀可以防止雞肉受
熱後捲曲

2 將雞肉兩面都沾上醬
汁，劃刀的縫隙也要，
最後肉的那面朝下，
冷藏醃製一晚

3 將肉拿出來，稍微抹去
表層的醃料，不要滴
下來就好，放進預熱
過的烤箱，180℃ 10
分鐘，再 200℃ 6 分
鐘上色，完成

優格鮪魚醬 墨西哥餅

////////////////////

免開火，夏天不再汗流浹背！
優格代替美乃滋，搭配爽脆的洋蔥與玉米，
冰涼更好吃！

份　　量	1 人份
製作時間	5 分鐘
保　　存	冷藏 3 天、不建議冷凍

材料

鮪魚罐頭…… 100g
洋蔥…… 35g
玉米…… 45g
優格…… 4 大匙

調味料

鹽…… 1/4 小匙
黑胡椒…… 1/4 小匙
香蒜粉…… 1/4 小匙
　　（可省）
薄荷…… 8 片（可省）

作法

1 將鮪魚罐頭裡的液體
　倒除；洋蔥切丁；薄
　荷切絲
　用叉子將太大塊的鮪
　魚壓散
　不喜歡洋蔥的辛辣感
　可以先泡冰水

2 所有材料混和均勻，
　完成

巴薩米克醋里肌豬排 三明治

////////////////

巴薩米克醋特有的果香和酸味使調味上更有層次，
醋也能讓厚實的里肌豬排更軟嫩，
尤其最後大火所產生的鍋氣實在太誘人！

份　　量	1 人份
製作時間	15 分鐘
保　　存	冷藏 5 天、冷凍 1 個月

材料
豬里肌厚片 …… 200g

醃料
薑泥 …… 1/8 小匙

蒜泥 …… 2 小匙

蜂蜜 …… 1/2 小匙

醬油 …… 3 大匙

巴薩米克醋 …… 1 大匙

調味料
巴薩米克醋 …… 1 大匙

(在此使用的巴薩米克醋帶甜)

作法

1 在豬排的油脂與瘦肉之間切刀斷筋

底部中間的地方也要，避免煎的時候捲曲變形

2 豬排用醃料醃至少 2 小時，中途翻面一次

醃隔夜更入味，若使用薄肉片則可縮短時間

3 加油熱鍋，小火煎豬排，一面約 1 分鐘

4 加入調味料，轉中大火繼續煎到收汁，且兩面呈醬焦色，完成

要持續在鍋中移動豬排和翻面

麥片魚柳佐酪梨醬 卷餅 bake

省去油炸的時間和熱量，利用麥片取代精緻麵包粉，
更有飽足感。酪梨豐厚的油脂和柔軟的口感
讓整體風味清爽滑順。

份　　量	1 人份
製作時間	20 分鐘
保　　存	冷藏 5 天、冷凍 1 個月（酪梨醬不建議冷凍）

材料

麥片魚

鯛魚…… 130g

蛋…… 1 顆

醃料

鹽…… 1/4 小匙

黑胡椒…… 適量

外皮

麥片…… 70g

油…… 1 小匙

義式香料…… 1/2 小匙

鹽…… 1/8 小匙

酪梨醬

酪梨…… 85g

番茄…… 30g

洋蔥…… 20g

鹽…… 1/8 小匙

黑胡椒…… 適量

檸檬汁…… 1 小匙

薄荷…… 4 片（可省）

作法

1 鯛魚切條；外皮材料混和均勻；酪梨去皮去籽壓碎；番茄去囊切丁；洋蔥切丁

番茄去囊後較不易出水導致醬汁太濕

酪梨可以不用壓太碎，保留些許塊狀口感

選用進口酪梨口感較軟

2 鯛魚用醃料抓醃

3 先沾蛋液，滴去多餘液體，再裹上外皮

裹外皮時需確保壓實固定

4 入烤箱（須預熱）200℃ 10 分鐘，再 230℃ 5 分鐘

5 將酪梨醬材料混和均勻，完成

椒麻蔥油雞絲 軟法

\\\\\\\\\\\\\\\\\\\\\

雞絲可做的變化極多，這道充滿辛香料的組合
即可以成為突破舒適圈的選擇，
各種不同風味衝撞出新世界。

份　　量	1 人份
製作時間	20 分鐘
保　　存	冷藏 5 天、冷凍 1 個月

材料

雞絲

雞胸肉	…… 150g
蔥	…… 1 支
薑	…… 3g
米酒	…… 2 大匙
水	…… 550ml

爆香料

油	…… 4 小匙
花椒	…… 1 小匙
紅蔥頭	…… 6g
蔥	…… 15g
蒜頭	…… 4g
薑	…… 1g
辣椒	…… 4g

醬汁

醬油	…… 1 大匙
鹽	…… 1/8 小匙
香油	…… 1/4 小匙
魚露	…… 1/4 小匙

作法

1 雞胸肉洗淨，去除薄膜和多餘脂肪；**雞絲**薑切片；蔥綁成結；**爆香料**花椒稍微搗碎；紅蔥頭、蔥、蒜頭、薑、辣椒切末

2 煮一鍋滾水，放入米酒、薑、蔥

3 再次煮滾後放入雞胸煮 40 秒

4 關火蓋鍋蓋悶 10～12 分鐘（依大小做調整），起鍋放涼備用

5 取另一鍋，加油，冷油小火慢煸紅蔥頭、蔥、蒜頭、薑、花椒
花椒事先用濾紙包起，比免食用時影響口感

6 香料煸至金黃後加入辣椒稍微翻炒即可關火

7 用濾網將爆香料和油分開，油的部分加入醬汁

8 將雞胸拔成雞絲，和醬汁組合後，再撒上爆香料，完成

醬辣炒雞絞肉 飯糰

從打拋豬得到的靈感做改變，鹹香下飯，
使用雞絞肉可以減少脂肪、得到更多蛋白質，
做出來的成品不比豬肉差！

份　　量	1 人份
製作時間	15 分鐘
保　　存	冷藏 5 天、冷凍 1 個月

材料

雞胸肉 …… 300g
蒜頭 …… 8g
辣椒 …… 6g
九層塔 …… 15g

醬汁

醬油 …… 2 小匙
魚露 …… 2 小匙
蠔油 …… 1 小匙
米酒 …… 2 小匙
糖 …… 2 小匙

作法

1 雞胸剁成絞肉；蒜頭切末；辣椒切斜片；九層塔取葉子；醬汁混和均勻

2 加油熱鍋，中火爆香蒜末和辣椒

3 下雞絞肉炒到乾爽
一定要炒到水份乾掉才香

4 下醬汁繼續炒到收汁

5 最後放九層塔炒軟，完成

菇菇起司厚蛋 三明治

不使用煎蛋卷專用鍋，平底鍋也能做的方正厚蛋，
塞滿餡料，菇菇的口感增添趣味，口口飽滿。

份　　量	1 人份
製作時間	15 分鐘
保　　存	冷藏 5 天、不建議冷凍

材料

鴻喜菇…… 120g

起司…… 1 片

蛋液

蛋…… 3 顆

牛奶…… 30g

鹽…… 1/8 小匙

黑胡椒…… 適量

作法

1 鴻喜菇剝散；蛋液材料混和均勻

2 冷鍋不放油，中火乾煸鴻喜菇至金黃後起鍋備用

剛放時不用一直翻，直到底部上色再偶爾翻一翻

3 補油，先下一半的蛋液，鋪上鴻喜菇和起司

4 蛋液半熟後，依序將四個邊包起來

5 先取出，再下另一半蛋液

6 將剛剛的蛋包翻過來，接口向下放

7 一樣等蛋液半熟後包起來

8 翻面煎至表面上色，調整外型，完成

—— 營養均衡　x　常備省時 ——

配菜

28 道

蒜香四季豆

完全不須開火，短時間內就能完成一道簡單的配菜，
還能保持脆度不減，根本是懶人福音！

份　　量	2～3 人份
製作時間	5 分鐘
保　　存	冷藏 5 天、冷凍 1 個月

材料

四季豆 …… 150g
蒜頭 …… 16g
橄欖油 …… 1 小匙
鹽 …… 1/4 小匙
白胡椒粉 …… 1/4 小匙

作法

1 四季豆頭、尾連同側邊纖維一起去除切斜段；蒜頭切末
2 所有材料混和均勻
3 包上保鮮膜，微波一分半完成

麻醬龍鬚菜

夏日炎熱的氣候，香濃的麻醬、
涼脆的蔬菜，清爽開胃！
也可以換成其他蔬菜，都非常適合哦！

份　　量	3～4 人份
製作時間	10 分鐘
保　　存	冷藏 5 天、不建議冷凍

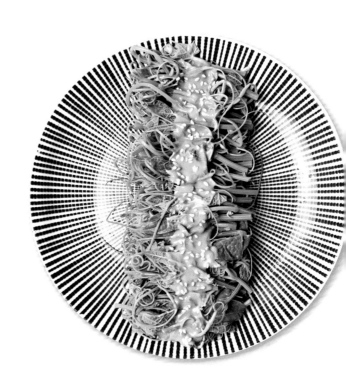

椒鹽杏鮑菇

你是否買炸物都會點一份杏鮑菇呢？
這篇是更減油的做法，
蒜頭和九層塔的香氣讓整體感覺更接近了！

份　　量	3～4 人份
製作時間	15 分鐘
保　　存	冷藏 5 天、不建議冷凍

材料
杏鮑菇……250g
九層塔……15g
蒜頭……8g

調味料
橄欖油……10g
胡椒鹽……1/2 小匙

作法

1 杏鮑菇滾刀切塊；九層塔取葉子；蒜頭切末

2 將杏鮑菇入烤箱（須預熱）用最高溫 10 分鐘
菇類用高溫烤可以直接鎖住水份，不會過於乾癟

3 拿出來，拌入九層塔、蒜頭和調味料，再入烤箱 230℃ 3 分鐘，完成

材料
龍鬚菜……180g
鹽……1/4 小匙

醬汁
花生醬……3 小匙
醬油……3/4 小匙
水……2.5 小匙
烏醋……1/2 小匙
香油……1/2 小匙
蒜頭……1g

作法

1 龍鬚菜切段；蒜頭磨成泥

2 煮一鍋滾水，加入鹽，汆燙龍鬚菜約 2～3 分鐘

3 撈起泡冰水

4 將蒜泥和其他醬汁材料混和均勻，龍鬚菜瀝乾水份，淋上醬汁，完成

櫛瓜玫瑰 🔲 bake

\\\\\\\\\\\\\\\\\\\\

雙色櫛瓜捲起來後大變身，片片堆疊，
吃起來層次也會更豐富，一次滿足視、
味覺雙重享受！

份　　量	1～2 人份
製作時間	15 分鐘
保　　存	冷藏 5 天、冷凍 1 個月

材料
- 綠櫛瓜 …… 100g
- 黃櫛瓜 …… 100g

調味料
- 鹽 …… 1/4 小匙
- 黑胡椒 …… 1/8 小匙
- 橄欖油 …… 1 大匙
- 香蒜粉 …… 1/4 小匙

作法

1 櫛瓜刨成薄長片；調味料混和均勻

2 取一片櫛瓜，刷上薄薄一層調味油

3 疊上另一片櫛瓜，再刷上一層調味油

4 鬆鬆地捲起，從其中一端往內戳，使另一端微微突起

5 立起來後可以用筷子做微調，放入預熱過的烤箱，190℃烤 10 分鐘，完成
讓花瓣間的空隙時緊時鬆，烤出來會更自然
烤完後可以再用筷子調整細節

蝦米炒蘑菇青花菜

再普通不過的炒青花菜，加入蝦米香氣更提升，
將炒過的蝦米湯汁煨入青花菜，一點也不無聊。

份　　量	3～4 人份
製作時間	10 分鐘
保　　存	冷藏 5 天、不建議冷凍

材料

青花菜 …… 200g
蘑菇 …… 95g
蝦米 …… 5g
蒜頭 …… 8g
熱水 …… 100ml

調味料

鹽 …… 1/8 小匙
黑胡椒 …… 適量

作法

1 青花菜切小朵；蘑菇
對半切；蝦米用水泡
開後瀝乾；蒜頭隨意
切碎
太長太粗的梗切下來
剖半也可以一起炒

2 不放油，中大火將蘑
菇煸至金黃

3 推到鍋邊，加油爆香
蝦米和蒜頭

4 加入青花菜，快速拌
炒約 30 秒

5 加入熱水，蓋鍋蓋悶
煮約 2~3 分鐘，青花
菜梗都軟了後，加入
調味料，拌炒均勻，
完成

柴魚拌秋葵

////////////////

充滿柴魚風味的日式小菜，
甜甜鹹鹹好開胃，黏稠的口感有人喜歡，
有人不喜歡，不妨試試。

份　　量	2～3 人份
製作時間	10 分鐘
保　　存	冷藏 5 天、不建議冷凍

材料

秋葵……100g
柴魚……1g
鹽……1/4 小匙

醬汁

醬油……1 大匙
白芝麻……1/2 小匙
香油……1/2 小匙
鰹魚醬油……2 大匙

作法

1 秋葵洗淨，撒上少許
　鹽，用手搓揉去除表
　面絨毛

2 削去蒂頭的硬皮
　不整個切除可保留較
　多可食部位，且美觀

3 煮一鍋水，汆燙秋葵
　約 2 分鐘

4 撈起泡冰水

5 瀝乾後加入醬汁，攪
　拌均勻，完成

豆干炒芹菜

香嫩豆干，脆口芹菜，是一道極為普通的家常菜，
但蛋白質與纖維都很豐富，素食也能營養滿分！

份　　量	3～4 人份
製作時間	10 分鐘
保　　存	冷藏 5 天、不建議冷凍

材料

豆干…… 130g

芹菜…… 130g

蒜頭…… 6g

辣椒…… 3g

水…… 1 大匙

調味料

鹽…… 1/4 小匙

白胡椒粉…… 1/8 小匙

作法

1 蒜頭切薄片；辣椒切絲；豆干切片；芹菜刨除粗梗後切段

2 鍋內不放油，中火乾煸豆干至表面有點金黃後取出備用

3 加油，爆香蒜片

4 加入芹菜拌炒至微軟，補水

5 下豆干、辣椒、調味料，拌炒均勻，完成

湯煮高麗菜卷

////////////////////

一般高麗菜卷有豬肉內餡，
但其實層層都用高麗菜也很好吃！
用高湯煮過，高麗菜軟而不爛，多汁入味。

份　　量	4 卷
製作時間	15 分鐘
保　　存	冷藏 5 天、冷凍 1 個月

材料
高麗菜 …… 300g

柴魚高湯
水 …… 400ml
柴魚 …… 10g

調味料
鰹魚醬油 …… 2 小匙
鹽 …… 1/2 小匙

作法

1 將高麗菜整片取下洗淨
從梗的根部劃刀切斷
較好取下

2 煮一鍋滾水，汆燙高麗
菜至微軟後取出備用

若有微波爐可包上保
鮮膜微波 30 秒，但用
水煮的，湯裡會比較甜

3 放入柴魚，滾 2 分鐘
後熄火靜置

4 將高麗菜越大片的放
底下，依大小擺放後，
左右往內收再捲起

5 用蔥絲綁起或牙籤固定

6 柴魚高湯用濾網加濾
紙濾出

光用濾網還是會有柴
魚渣

7 在柴魚高湯裡加入調
味料，再次煮滾

8 放入高麗菜卷，中小
火煮約 5 分鐘，完成

涼拌果醋櫛瓜絲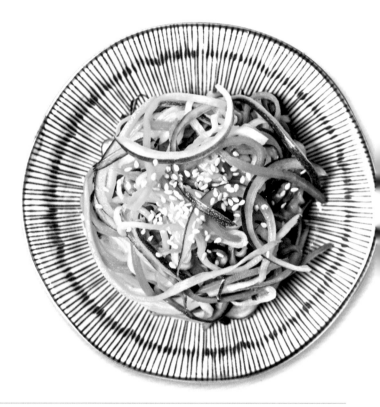

/////////////////////////

說是涼拌，不如算是醃漬小菜，
酸甜爽脆開胃，顏色更是應有盡有，
對於整體配色很有幫助！

份　　量	4～5 人份
製作時間	30 分鐘
保　　存	冷藏 5 天、不建議冷凍

材料

櫛瓜 …… 150g
紅蘿蔔 …… 45g
紫洋蔥 …… 70g
芝麻 …… 1/4 小匙

調味料

鹽 …… 1/2 小匙
醋 …… 1 小匙
果汁 …… 3 大匙（依喜好做選擇）
糖 …… 1 小匙

作法

1 櫛瓜和紅蘿蔔刨成麵條狀；紫洋蔥切絲泡冰水 15 分鐘去除辛辣味

2 將紫洋蔥瀝乾水份，和其他材料放在一起

3 加入鹽，抓勻後靜至 15 分鐘待出水

4 擠乾水份

5 加入其它調味料，混和均勻，完成
冰過更好吃

起司金針卷

\\\\\\\\\\\\\\\\\\\\\\

小朋友會很喜歡的一道配菜小點，
材料只需三樣，起司自帶鹹味與奶香，
放涼後會由軟轉脆，黑胡椒扮演提味的角色。

份　　量	2～3 人份
製作時間	10 分鐘
保　　存	冷藏 5 天、不建議冷凍

材料

| 起司絲 …… 100g
| 金針菇 …… 150g

調味料

| 黑胡椒 …… 適量

作法

1 金針菇對半切

2 開小火，將起司絲在鍋子內鋪成長方形保留一些空隙製造斑駁感

3 在其中一端放上金針菇，灑黑胡椒

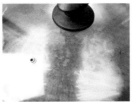

4 蓋鍋蓋悶到起司融化

5 等起司底部焦黃、快接近咖啡色，就可以開始捲起，取出後放涼，放涼後起司會更脆硬

145

味噌茄子

茄子最怕在烹煮時氧化黑掉，
利用保鮮膜可以大大幫助茄子持色，
煮出紫色茄子不是夢！再搭配味噌，變成下飯小菜。

份　　量	2～3人份
製作時間	10分鐘
保　　存	冷藏5天、不建議冷凍

材料
茄子⋯⋯ 200g

調味料
味噌⋯⋯ 2小匙
米酒⋯⋯ 1大匙
糖⋯⋯ 1/2小匙
蒜頭⋯⋯ 1g

作法

1 茄子剖半切小段；蒜頭磨成泥後和其他調味料混和均勻

2 茄子皮的部分刷上一層油

刷油後顏色才漂亮

3 蓋上保鮮膜，微波2分鐘

時間不夠長會反黑

4 加入混和好的調味料，攪拌均勻，再蓋上保鮮膜，微波1分鐘，完成

涼拌菠菜

非常簡易的一道小菜，鰹魚醬油的風味和
甜味讓整體味道不死鹹，
自然可以將主角換成自己喜歡的菜類。

份　　量	3～4人份
製作時間	10分鐘
保　　存	冷藏5天、不建議冷凍

材料

菠菜……250g	水……2大匙
油……1小匙	蒜頭……12g
鹽……1/4小匙	辣椒……4g

醬料

鰹魚醬油……3大匙	香油……1/8小匙
	芝麻……1小匙

作法

1 菠菜去除根部，切段；
蒜頭磨成泥或切末；
辣椒斜切片

2 煮一鍋滾水，加入油、
鹽，放入菠菜煮約2
分鐘
水煮青菜時，加入一
點油可以讓青菜保持
油亮、翠綠

3 撈起瀝乾泡冰水

4 待菠菜冰鎮後撈起，
瀝乾水分，加入所有
調味料，攪拌均勻，
完成

金沙苦瓜

鹹蛋黃遇油後起泡化為金沙，
裹在切成極薄的苦瓜上，香氣十足，
濃厚蛋黃香讓人欲罷不能！

份　　量	3～4人份
製作時間	15分鐘
保　　存	冷藏5天、冷凍1個月

材料

苦瓜 …… 200g	蒜頭 …… 8g
鹹蛋 …… 2顆	蔥 …… 15g
油 …… 2大匙	辣椒 …… 1根

作法

1 將苦瓜的籽和白色薄
膜刮乾淨，切薄片；
將鹹蛋黃壓碎、蛋白
切碎丁；蒜頭、蔥切
末；辣椒切斜片

薄膜是苦味主要來
源，刮越乾淨越好，
切越薄可讓鹹蛋更入
味，切完後再清洗兩、
三次更有效去苦

鹹蛋連殼剖半，直接
用湯匙挖更快

2 裝一鍋水，冷水下苦
瓜，開火煮滾，滾後
計時2分鐘，九分熟
後瀝乾備用

3 加2大匙油熱鍋，中
大火將鹹蛋黃炒出泡

4 加入蒜、蔥、辣椒後，
下苦瓜和蛋白碎，拌
炒均勻，完成

蔬菜春卷

\\\\\\\\\\\\\\\\\\\\\\\

將各種喜歡的蔬菜全包進千張裡，豐滿飽口，
希望更堅固可以多包幾層，口感更厚實。

份　　量	5 卷
製作時間	15 分鐘
保　　存	冷藏 5 天、 冷凍 1 個月

材料
千張（豆腐皮）…… 5 張

餡料
紅蘿蔔…… 50g
青椒…… 60g
洋蔥…… 70g
菇類…… 100g
蔥…… 15g
蝦米…… 2 g

調味料
鹽…… 1/4 小匙
白胡椒粉…… 1/8 小匙

作法

1 紅蘿蔔、青椒、洋蔥、菇切絲；蔥切花；蝦米沖洗後濾乾

2 冷鍋不放油，將菇中大火乾煸至表面金黃
剛放時不用一直翻，直到底部上色再偶爾翻一翻

3 推至鍋邊，加油，中火爆香蔥和蝦米

4 加入紅蘿蔔、洋蔥、鹽炒到微軟

5 加入青椒、白胡椒粉，大致翻炒後起鍋備用
蔬菜不要炒太軟，以免後續加熱喪失口感

6 將餡料鋪在千張上，左右往內收包起，邊緣用水做黏合

7 加油熱鍋，接口面向下，中大火每面煎約30 秒上色即可，完成（可用氣炸鍋刷油 200度約 10 分鐘）

蔬菜烘蛋

\\\\\\\\\\\\\\\\\\\\\\\\

料理到上桌全部一鍋到底，料要多多由你決定！
烘蛋側面厚度飽滿，吃起來更是鬆軟多汁！

份　　量	4～5 人份
製作時間	15 分鐘
保　　存	冷藏 5 天、冷凍 1 個月

材料

- 蛋⋯⋯ 3 顆
- 櫛瓜⋯⋯ 50g
- 彩椒⋯⋯ 30g
- 洋蔥⋯⋯ 35g
- 青花菜⋯⋯ 35g
- 蘑菇⋯⋯ 50g

調味料

- 鹽⋯⋯ 1/4 小匙
- 黑胡椒⋯⋯ 1/8 小匙
- 香蒜粉⋯⋯ 1/4 小匙

作法

1 蛋打散；櫛瓜、彩椒切丁；洋蔥、青花菜切末；蘑菇切片

2 蘑菇中火乾煸至上色後取出備用

3 加油，將洋蔥炒到變色

4 加入青花菜炒一下去生味

5 將所有材料加到蛋液裡，攪拌均勻

6 鍋裡補油熱鍋，倒入蛋液

7 蓋上蓋子微小火悶煎 5 分鐘，完成

依厚度調整烹調時間，此食譜適用約 1.5 公分

海帶芽煎蛋卷

\\\\\\\\\\\\\\\\\\\\

滿滿的海帶芽從剖面看有如一幅抽象畫，
海帶芽柔滑的口感讓蛋卷吃起來更軟嫩，
海帶高湯的鮮味好加分！

份　　量	4 ～ 5 人份
製作時間	15 分鐘
保　　存	冷藏 5 天、冷凍 1 個月

材料

乾燥海帶芽…… 10g
蛋…… 6 顆
海帶高湯（泡海帶芽的水）
　…… 50g

調味料

鹽…… 1/8 小匙

作法

1 海帶芽用冷水泡開；
　蛋打散

2 將所有材料混和均勻

3 加油中小火熱鍋，下
　一層薄蛋液

　鍋子要熱，蛋液下去
　過 1 秒會馬上凝固

4 7 分熟時開始捲

　太生會凝固不完全，
　太熟則會出現分層

5 捲到剩一小段，推到
　鍋底，再倒一層蛋液

6 以此類推，直到用完
　全部的蛋液

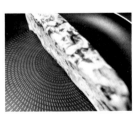

7 用鏟子將邊邊塑形，
　也可以將蛋卷立起來，
　變成四方柱，完成

涼拌芥蘭

///////////////////////////

這道涼拌醬汁偏中式，各式辛香料加上鹹香醬汁，淋上熱油時的滋滋聲，讓人食慾大增！

份 量	3～4 人份
製作時間	10 分鐘
保 存	冷藏 5 天、不建議冷凍

材料

芥蘭……200g
油……1/2 小匙
鹽……1/4 小匙
油……1 小匙

醬汁

香油……4 滴
醬油……3 小匙
白醋……1/2 小匙

辛香料

蔥……15g
蒜頭……4g
辣椒……4g
芝麻……1/2 小匙

作法

1 芥蘭梗斜切小段，葉子稍微剝小片；蒜頭、辣椒切末；蔥切花；芝麻磨碎

2 煮一鍋滾水，加入油和鹽，下芥蘭煮約 5 分鐘

水煮青菜時，加入一點油可以讓青菜保持油亮、翠綠

因芥蘭梗較粗，加入鹽幫助入味

3 撈起泡冰水

4 待冷卻後瀝乾

5 將 1 小匙油燒熱，澆淋至醬汁和辛香料上

將醬汁放下層，辛香料放上層

6 放到芥蘭上，完成

豆芽蔥蛋卷

脆口的豆芽、柔軟的蛋卷，形成一種有趣的對比，
豆芽的水份讓整體吃起來水嫩無比，也嚼得到蔥香。

份　　量	4～5 人份
製作時間	15 分鐘
保　　存	冷藏 5 天、不建議冷凍

材料

豆芽菜…… 50g
蔥…… 60g

蛋液

蛋…… 4 顆
水…… 2 大匙
醬油膏…… 1 小匙
黑胡椒…… 適量

作法

1 豆芽菜去頭去尾；蔥切末；蛋液材料混和均勻
蛋液裡加入水或牛奶等液體會讓蛋更水潤不乾硬

2 加油熱鍋；中火爆香蔥末

3 將蔥末倒入蛋液裡

4 加油小火熱鍋，倒入蛋液，鋪一層薄薄的在上半部，再放上豆芽

5 倒一點蛋液在豆芽上可以幫助內餡和蛋中間不分離

6 捲一折後，退到中間，再倒入蛋液填滿空位

7 再捲一折，以此類推直到捲完蛋液

8 最後用鏟子塑形，將四個邊塑成直角，完成

豆瓣燒豆腐

\\\\\\\\\\\\\\\\\\\

軟嫩的豆腐，煎過後表面覆上一層薄皮，
吸收充滿豆瓣香的醬汁，
不管是味道還是口感都十分迷人。

份　　量	2～3 人份
製作時間	15 分鐘
保　　存	冷藏 5 天、 不建議冷凍

材料

雞蛋豆腐…… 300g

蔥…… 15g

辣椒…… 4g

醬汁

醬油…… 1 大匙

豆瓣醬…… 1 小匙

米酒…… 2 大匙

糖…… 1/2 小匙

水…… 4 大匙

作法

1 雞蛋豆腐瀝乾水份切厚片；蔥切段；辣椒斜切片

2 加油熱鍋，中小火將雞蛋豆腐煎至兩面金黃

豆腐剛下鍋時可以搖動鍋子讓底部均勻接觸到油，之後就不要一直翻動，直到表面煎出金黃焦皮才好翻

3 將豆腐推至鍋邊，爆香蔥段

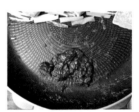

4 再推開蔥段，下豆瓣醬炒香

5 最後倒入醬汁，轉中大火，翻面讓豆腐裹上醬汁，收汁後完成

塔香薯塊

////////////////////////////

不炸改用煎的也能製造金黃表面，
外脆內鬆的口感熱熱吃超幸福，冷吃 Q 軟，
帶你領略馬鈴薯不同的樣貌。

份　　量	1 人份
製作時間	15 分鐘
保　　存	冷藏 5 天、不建議冷凍

材料

馬鈴薯⋯⋯ 300g
九層塔⋯⋯ 10g
鹽⋯⋯ 1/4 小匙
橄欖油⋯⋯ 2 大匙

調味料

鹽⋯⋯ 1/4 小匙
黑胡椒⋯⋯ 1/8 小匙

作法

1 馬鈴薯切塊；九層塔切碎

2 將馬鈴薯放入加了鹽的滾水煮約 8 分鐘至筷子可以穿透

3 瀝乾水份取出放入一個有蓋子的容器

4 蓋上蓋子上下左右搖晃，使馬鈴薯產生毛邊毛邊有助於烹煮時更易脆

5 加油熱鍋，中大火煎馬鈴薯煎到金黃酥脆酥脆需要油份，所以油不能太少，中大火可以避免馬鈴薯吸太多油

6 下九層塔和調味料，拌炒均勻，完成

茄汁豆包

///////////////////

豆包可以說是素食界的肉排，厚實又充滿飽足感，
吸飽茄汁也適合！新鮮番茄增加口感，蒜香畫龍點睛！

份　　量	5 卷
製作時間	15 分鐘
保　　存	冷藏 5 天、冷凍 1 個月

材料

豆包……4 片
蒜頭……4g
番茄……80g

調味料

番茄醬……3 大匙
醬油……1 大匙
水……3 大匙
白胡椒粉……1/8 小匙

作法

1 豆包擦乾水份；蒜頭切末；番茄切丁

2 抹一點油熱鍋，中火將豆包煎至兩面金黃取出備用

3 補一點油，下蒜末爆香

4 下番茄炒軟
加一小戳鹽可幫助軟化

5 推至鍋邊，下番茄醬炒一下

6 下其餘調味料

7 放入豆包混合至收汁，完成

薑燒杏鮑菇豆皮

我自詡這道為素食版的薑燒豬肉，
利用杏鮑菇的口感增加層次，
豆包煎過後讓外表定型，也增加香氣。

份　　量	4～5 人份
製作時間	20 分鐘
保　　存	冷藏 5 天、不建議冷凍

材料

- 豆包……250g
- 杏鮑菇……130g
- 香油……1/4 小匙

醬汁

- 薑泥……1 小匙
- 醬油……2 大匙
- 味醂……2 大匙
- 米酒……4 大匙
- 芝麻……1/2 小匙

作法

1 豆包順紋切絲；杏鮑菇切絲；醬汁混和均勻

2 加油熱鍋，開中大火下豆包和杏鮑菇

3 下鍋後不用翻動，靜置讓表面上色，偶爾翻一下後繼續靜置

4 直到都金黃上色，下醬汁，快速翻至收汁，完成

涼拌苦瓜

使用酸甜醬汁中和苦味，
花生粒的香氣與口感都十分豐富，
為這道小菜做了點綴。

份　　量	3～4 人份
製作時間	10 分鐘
保　　存	冷藏 5 天、冷凍 1 個月

材料

苦瓜 …… 100g	辣椒 …… 3g

調味料

蒜頭 …… 1 小匙	白醋 …… 2 小匙
花生 …… 8g	糖 …… 1/2 小匙
	香油 …… 1/2 小匙

作法

1 苦瓜刮除囊和白膜後
切薄片；蒜頭切末；辣
椒斜切片；花生磨碎

刮得越乾淨，越可以
減少苦味，切完後再
清洗兩、三次更有效

2 煮一鍋滾水，加少許
油和鹽，汆燙苦瓜約
2 分鐘

3 撈起泡冰水水冰鎮

4 瀝乾水份後和調味料
混和均勻，完成

豆包蔬菜薄餅

結合豆包和烘蛋，又有蔬菜加持，
不用麵粉就能有厚厚的側面，
飽足感直接大增！

份 量	4～5 人份
製作時間	15 分鐘
保 存	冷藏 5 天、冷凍 1 個月

材料

豆包……3 片
高麗菜……100g
紅蘿蔔……20g
櫛瓜……20g
蝦皮……3g
鹽……1/4 小匙

蛋液

蛋……4 顆
醬油膏……1 小匙
白胡椒粉……1/8 小匙

作法

1 豆包吸乾水分；高麗菜切絲；紅蘿蔔、櫛瓜切絲；蛋液混和均勻

2 加油熱鍋，中火爆香蝦皮

3 轉大火加入紅蘿蔔炒到微軟

4 加入高麗菜和鹽，炒到微軟後鋪勻

5 加入大部分的蛋液，留一些備用，轉中小火

6 將豆包攤開，鋪上去，壓一下跟蛋液黏合，再把剩餘的蛋液淋上

7 中小火煎約 1 分半後翻面，再煎約 30 秒上色，完成

小魚乾炒糯米椒

小魚乾不僅可以熬湯，拿來炒香氣也是逼人，
鮮脆的糯米椒染上了小魚乾與辣椒的味道，
整體鹹香下飯。

份　　量	3～4 人份
製作時間	10 分鐘
保　　存	冷藏 5 天、冷凍 1 個月

材料

糯米椒 …… 130g	**調味料**
小魚乾 …… 15g	鹽 …… 1/4 小匙
蒜頭 …… 6g	白胡椒粉 …… 1/8 小匙
辣椒 …… 3g	

作法

1 糯米椒去蒂頭斜切段；
小魚乾洗淨瀝乾；蒜
頭切末；辣椒切斜片

2 加油熱鍋，中大火將
小魚乾的水份炒乾，
變得有點金黃焦色，
倒出備用
沒有炒乾會有腥味殘留

3 補一點油，中火爆香
蒜末、辣椒

4 下糯米椒、小魚乾、
調味料，拌炒均勻，
完成

紅蘿蔔櫛瓜起司蛋卷

紅綠燈配色的模範生，緞帶般的紅蘿蔔與櫛瓜，
纏繞在蛋卷外，切開後起司從中流出，
口水也不自覺分泌！

份　　量	1～2 人份
製作時間	10 分鐘
保　　存	冷藏 5 天、冷凍 1 個月

材料

櫛瓜 …… 50g	**蛋液**
紅蘿蔔 …… 30g	蛋 …… 2 顆
起司 …… 1 片	鹽 …… 1/8 小匙
	黑胡椒 …… 適量

焗烤義式香料蘑菇 🔲bake

蘑菇烤過鮮嫩多汁，加上焗烤誘人牽絲，
簡單不費力也是極大的優點，
是一道懶人都會做的料理！

份　　量	2～3 人份
製作時間	15 分鐘
保　　存	冷藏 5 天、不建議冷凍

材料

蘑菇…… 150g
起司絲…… 40g
橄欖油…… 1 小匙

調味料

義式綜合香料…… 1/2 小匙
(可以替換成自己喜歡的香料)

作法

1 蘑菇用紙巾擦拭乾淨

2 灑上義式綜合香料和橄欖油拌勻，入烤箱(須預熱) 180 度 6 分鐘

3 時間到後鋪上起司絲，再用 200 度 5 分鐘，完成

作法

1 櫛瓜、紅蘿蔔刨成薄長片；蛋液攪拌均勻

2 加油，小火熱鍋，放入櫛瓜、紅蘿蔔

3 倒入蛋液，鋪上起司片

4 蓋上鍋蓋悶煎約 1 分鐘

5 等到底部的蛋液凝固，蔬菜也變軟，捲起，完成

蛋煎茄子扇

茄子多劃幾刀便可以成為另一種造型，
裹上蛋液不只為了定型，接觸熱鍋也增加了香氣，
一口一片好優雅。

份　　量	2～3人份
製作時間	10分鐘
保　　存	冷藏5天、不建議冷凍

材料

茄子……140g
油……1小匙

蛋液

蛋……1顆
鹽……1/8小匙
白胡椒粉……適量

作法

1 茄子切段後剖半；蛋液材料混和

2 茄子其中一端斜切幾刀成扇狀

3 均勻拌入油，用保鮮膜封起，微波2分鐘
出爐後要馬上將保鮮膜掀開，不然會反黑
量多的話微波不夠久也會反黑

4 加油熱鍋，茄子沾裹蛋液後入鍋，中大火煎到金黃（不用翻面），完成

── 脾胃滿足不發胖 ──

甜點 7道

蘋果肉桂吐司布丁 🍞 bake

//////////////////

如其名，因為吐司吸飽蛋液，相較法式吐司，
口感更軟嫩，加上蘋果和肉桂的神搭檔，
華麗的早午餐也能自己做！

份　　量	1～2 人份
製作時間	40 分鐘
保　　存	冷藏 2 天、不建議冷凍

材料

吐司 …… 70g

蘋果 …… 30g

蛋液

蛋 …… 100g

牛奶 …… 60ml

蜂蜜 …… 1 小匙

肉桂粉 …… 1 小匙

作法

1 吐司切塊；蘋果切片；蛋液材料混和均勻

2 將吐司緊密放入，並在中間夾入蘋果片

3 倒入蛋液，靜置約 5 分鐘，讓吐司吸收蛋液，入烤箱（須預熱）170℃烤 30 分鐘

4 擺幾片蘋果，淋上少許蜂蜜，完成

若是小烤箱離上火近，可在上層輕蓋鋁箔紙防膨脹燒焦

水果可可奇亞籽
隔夜燕麥粥

前一天晚上做好放入冰箱，
隔天就能多睡十分鐘！
也非常有飽足感，為一天的開始做準備。

份　　量	1 人份
製作時間	10 分鐘
保　　存	冷藏 2 天、不建議冷凍

材料

奇亞籽……2 大匙
燕麥……4 大匙
豆漿……200ml
可可粉……2 小匙
蜂蜜……2 小匙
水果……依個人喜好

作法

1 將除了水果以外的材料混和均勻，入冷藏冰一晚
可可粉過篩較不易結塊

2 水果各自切片，或方便吃的形狀

3 將水果放上燕麥粥，完成

香蕉優格冰 / 巧克力醬

//////////////////////////

不加鮮奶油，以優格代替，口感較像古早味剉冰，
香蕉香濃夠味，不加糖也很甜，
加上無糖可可醬，苦甜交織。

份　　量	4～5 人份
製作時間	10 分鐘
保　　存	冷凍 1 個月

材料

冰		巧克力醬	
香蕉 …… 200g		可可粉 …… 1 又 1/4 小匙	
優格 …… 180g		熱水 …… 1 又 1/2 小匙	

作法

1 將香蕉和優格攪打均
　勻，放入冷凍庫冰至
　少 6 小時
　要選用佈滿黑色斑點
　的熟透香蕉，夠軟夠甜

2 熱水少量多次倒入過
　篩後的可可粉中，攪
　拌均勻

3 從冷凍庫拿出後，放
　置室溫退冰至可以挖
　取，淋上巧克力醬，
　完成

蜂蜜地瓜杯子蛋糕 🔲

將蛋白打發的效果有如戚風蛋糕，
蓬鬆、有空氣感，地瓜和蜂蜜都帶有香氣與甜味，
不加糖也能有戀愛的滋味！冰過也好吃！

份　　量	6 顆
製作時間	30 分鐘
保　　存	冷藏 3 天、不建議冷凍

材料

地瓜…… 150g
蛋…… 2 顆
豆漿…… 50ml
蜂蜜…… 2 小匙

作法

1 地瓜蒸（水煮）熟後壓成泥；蛋黃蛋白分離蛋白切記不能沾到水或其他東西

2 地瓜泥加入蜂蜜、豆漿、蛋黃，攪拌均勻

3 蛋白打發至拉起有明顯勾勾，且傾斜盆子不會滑動

4 將蛋白用切拌的方式分兩次拌入地瓜糊裡動作須溫柔，不要讓蛋白消泡

5 將麵糊倒入容器，入烤箱（須預熱）170℃ 15 分鐘（時間依烤模大小作調整），完成

南瓜芝麻包

\\\\\\\\\\\\\\\\\\\\\\\

趁熱吃軟 Q 有嚼勁，淡淡的南瓜甜混合著蜂蜜香氣，
裡頭的芝麻醬濃郁純粹
（內餡換成黑糖就會變成爆漿包囉！）

份　　量	6 顆
製作時間	25 分鐘
保　　存	冷藏 3 天、冷凍 1 個月

材料

南瓜 …… 250g
糯米粉 …… 160g
蜂蜜 …… 1 大匙
芝麻醬 …… 60g
黑芝麻 …… 少許

作法

1 南瓜去皮切塊

2 蒸熟後加入蜂蜜壓成泥

3 加入過篩後的糯米粉，攪拌均勻

少量多次慢慢加

粉的量需依照南瓜的水份做增減，只須加到麵團不過黏、不沾手可延伸即可

4 平均分成六等份，搓成圓球

5 手心抹點油，將圓球壓扁塑成中厚邊薄的餅狀，包入芝麻醬，每顆約 10g

6 煮一鍋滾水，將南瓜包煮至浮起即可，約 10 分鐘

也可以用電鍋蒸，但用水煮的可以有效避免內餡爆漿危機

7 趁剛起鍋，在表面撒上黑芝麻，完成

蜂蜜芝麻燕麥餅 bake

//////////////////////////

材料相當簡單，混和後卻能成為搭配下午茶的小點心，
濃厚的芝麻與蜂蜜香，脆口有如餅乾，非常唰嘴！

份　　量	5～6 人份
製作時間	15 分鐘
保　　存	冷藏 1 個月、不建議冷凍

材料

燕麥……120g
蜂蜜……4 大匙
黑／白芝麻……2 小匙

作法

1 將所有材料混和均勻，確認每一粒燕麥都有裹上蜂蜜

2 將燕麥均勻平鋪在烤盤上，越薄越好，放入烤箱 (須預熱) 180℃ 8 分鐘
用叉子沾水更好推開

3 取出趁熱切塊，靜置待完全放涼再移動，完成

香蕉可可堅果布朗尼 🔲

甜味來自熟透的香蕉，不用任何技巧，
全部混和均勻就能做出好吃的甜點，香甜紮實，
烤過的堅果增添口感，畫龍點睛。

份　　量	3～4 人份
製作時間	25 分鐘
保　　存	冷藏 5 天、不建議冷凍

材料

香蕉 …… 100g
蛋 …… 40g
可可粉 …… 10g
堅果 …… 15g

作法

1 香蕉用叉子壓成泥；
可可粉過篩；堅果稍
微敲碎
香蕉選用表面已出現
很多黑色斑點的熟香
蕉尤佳，較甜較軟

2 將除了堅果的其他材
料混和均勻

3 倒入容器，上面撒上
堅果碎，入烤箱（須
預熱）170℃烤 20 分
鐘，完成

Kitchen Blog

廚房新手也能零失敗

作者 / 攝影　酸酸很愛煮

出版者 / 出版菊文化事業有限公司　P.C. Publishing Co.

發行人　趙天德

總編輯　車東蔚

文案編輯　編輯部　美術編輯　R.C. Work Shop

台北市雨聲街77號1樓

TEL：(02)2838-7996　　FAX：(02)2836-0028

法律顧問　劉陽明律師　名陽法律事務所

初版　2021年2月

定價　新台幣 450元

ISBN-13：9789866210747　　書　號　K18

讀者專線 (02) 2836-0069

www.ecook.com.tw

E-mail　service@ecook.com.tw

劃撥帳號　19260956 大境文化事業有限公司

廚房新手也能零失敗

酸酸很愛煮　著　初版 . 臺北市：出版菊文化，2021

192 面；19×26 公分　（Kitchen Blog 系列：18）

ISBN-13：9789866210747

1. 食譜

427.16　　　　109017485

請連結至以下表單 填 寫 讀 者 回 函，將不定期的收到優惠通知。

本書的照片、截圖以及內容嚴禁擅自轉載。

本書的影印、掃瞄、數位化等擅自複製，除去著作權法上之例外，皆嚴格禁止。

Printed in Taiwan　委託業者等第三者進行本書之掃瞄或數位化等，即使是個人或家庭內使用，也視作違反著作權法。